时间的终极问题

—— 计时时间与存在时间的区别

吴 粲 著

图书在版编目（ＣＩＰ）数据

时间的终极问题：计时时间与存在时间的区别 / 吴粲著. —成都：西南交通大学出版社，2017.6
ISBN 978-7-5643-5505-0

Ⅰ.①时… Ⅱ.①吴… Ⅲ.①时间－研究 Ⅳ.①P19

中国版本图书馆 CIP 数据核字（2017）第 121402 号

时间的终极问题
——计时时间与存在时间的区别

吴粲 **著**

责任编辑　万　方
特邀编辑　焦存超
封面设计　原谋书装
出版发行　西南交通大学出版社
　　　　　（四川省成都市二环路北一段 111 号
　　　　　西南交通大学创新大厦 21 楼）
发行部电话　028-87600564　87600533
邮政编码　610031
网址　http://www.xnjdcbs.com
印刷　成都蜀通印务有限责任公司
成品尺寸　148 mm×210 mm
印张　8.75
字数　181 千
版次　2017 年 6 月第 1 版
印次　2017 年 6 月第 1 次
书号　ISBN 978-7-5643-5505-0
定价　35.00 元

致读者：

在人类构建的文明体系中，时间是十分重要的元素！

时间涉及了物理、天文、哲学、生物学、数学、宗教、历史、文学等学科，并且在这些学科中表现都非常重要。

物理学中，运动要用时间来衡量，若不用时间，不用手表等计时器，如何描述运动？但时间在物理学中有诸多难解之谜，是最古老的难题之一，被称为物理学五大悬疑之一。

哲学上，在人们常有的观念里，好像时间就是与宇宙一起存在的，没有时间似乎就不存在宇宙。

天文学与时间也是相当紧密的，因为时间是通过测量星球的运转轨道得到的，人们需要通过对复杂的天体运行进行精密的运算才能得到年、月、日这些准确的时间。更何况人们要根据天文规律产生的自然现象，春、夏、秋、冬的交替来安排农业生产。所以，时间与天文学更是难解难分。

人活了多少岁？人的生死是由时间决定的吗？生物学对时间也十分困惑。

数学中经常要计算运动物体的速度，计算两地的距离，然后计算运动的时间，时间在数学中自然是常客。

历史是用时间来记录的，记录哪个年代、日期，什么人做了什么事，某个时间发生了什么大事。所以，人们常说历史就是过去的时间。

　　宗教说，时间是与上帝一起诞生的，这方面科学就不要去追根溯源了！

　　文学对时间紧依难舍！文学作品中，往往要用时间来叙事，时间、地点、人物、事件是记叙文的必备要素！

　　时间真的是一个重要的问题！它与这么多学科紧密相关。

　　科学家和哲学家就时间的本质数百年争论不休，直到今天依然被时间所困扰。

　　随着科学的发展，如果时间问题不能解决，将会阻碍相关学科的发展。

　　如果能够解开时间之谜就有相当重要的意义！如果是终极解释，当然更值得期待。斯蒂芬·霍金（Stephen William Hawking）在《大设计》（*Grand Design*）一书中宣称哲学已死。他的意思是当今自然界的很多问题其实都能够用自然科学来解释。物理学家劳伦斯·克劳斯（Lawrence Krauss）则嘲讽哲学会让他想起美国喜剧演员伍迪·艾伦（Woody Allen）的黑色幽默，"那些干不了大事的人，就跑去教书；那些教不了书的人，就去教体育。"

　　用到时间这个问题上，同样如此。本书已经用自然科学理论的方式方法彻底解释清楚时间问题，就用不着再去纠缠或推卸给哲学了。

　　时间在今天，无论对学术界还是普通人都是十分重要的问题。如果用自然科学理论能够解决困扰了人类几千年的时间问题，意义非常重要。

本书涉及的知识面广，但并不深奥，除部分专业知识外，只要具有初中以上水平的读者都能读懂。

不管是属于哪个学科的理论范畴，不管这些理论有多深奥，有一点：普通人每天要用到时间，按时上学、上班，乘车要准时，出门看日期，关心自己能活多少岁，那么时间就不会离我们有多远，普通人也应该了解时间的本质是什么。

时间是什么？这个问题几千年来一直困扰着人们。

本书将使普通人对时间有全新的认识。过去我们经常说，"我有'时间'再来做某事。"然而世界上根本没有"时间"，你哪来的"时间"去做某事？

本书也将让学生对时间有全新的认知：老师、家长过去强调"珍惜时间"，然而时间根本不存在，如何珍惜呢？

真是让人惊奇！每个人每天与时间打交道，几千年来人类都没有认清时间是什么。

时间能倒流（时光逆转）吗？

时间循环（轮回）的意义是什么？

能进行时间旅行及穿越时空吗？

存在或能制造时空隧道吗？

万物生长、衰老是因为时间吗？

"现在""过去""未来""没有时间""时间紧""一寸光阴一寸金""前天上午9点我们正在吃饭"等，这些表示时间的词或句子表示的时间本义是什么？

阅读后你会发现，它们表示的时间是那么有趣。

这是一本普通人都看得懂的书。人的一生都无法离开时间，每个人的日常生活与时间紧密相连。赶紧阅读吧，了解时间究竟是什么。

内 容 简 介

    时间是最古老的难题之一，被称为物理学五大悬疑之一。科学家和哲学家就时间的本质数百年来争论不休。人类为什么会被困扰在时间的迷宫里数千年，通过本书的探讨得出：主要是表示多种意义的时间缠绕在一起，而人类没有分清这些不同时间的意义。

    本书对时间的探讨是从全新的视角、从时间的根源——古代时间观开始，分析了时间的原理、本质、古代计时器类型。古代最早的计时器是圭表、日晷，它们是记录太阳光的影子变化过程，反过来本质上也是反映太阳光形成的昼夜变化过程。这就是时间不变的本质！

    建立时间的目的是：个人利用太阳光的变化过程安排行动、进行农业生产。国家利用太阳光有规律的变化过程——昼夜循环、四季轮回建立起时间系统，让群体中的每个人能共同认可，并作为强制标准让大家以此安排各种行动、活动。

    所谓世界标准时间的确立，是以英国格林尼治天文台为本初子午线，用时区反映太阳光在地球各地的移动过程，从而确立了世界统一、得到认可并强制执行的全球统一时间。

    万物生长、衰老、死亡其实与时间没有关系，只是借用日历作为标尺来衡量事物存在的过程，表示事物存在的状态、先后顺序，这种时间的作用已经作了延伸。

量子物理认为：时间不具有可以测量得到的特质。解决该症结的一个措施就是将时间视为一个人类自己编造的概念，本书的研究与量子理论殊途同归。也就是宇宙根本不存在时间，而计时的时间是人建立的标准。

本书讨论了大家非常关注的一些时间问题：时间能倒流（逆转）、旅行以及能穿越时空吗？存在或能制造时空隧道吗？

最后还解析了爱因斯坦相对论中的双生子佯谬及其他一些时间悖论。

前　言

　　首先，解释一下这部书稿为何要出版而不投给论文期刊，主要出于以下原因：本书容量太大非论文能表述清楚，一般的学术期刊也无法刊载篇幅如此长的论文；如果压缩成篇幅较短的论文则难以阐述清楚或对这些问题不能深入分析；如果按先后顺序分割成多篇论文，学术期刊一般不支持这种形式，也无法得到同行评审的认可，所以以著作形式出版较为合适。

　　当然也许有人会质疑著作的学术价值，如果仅以著作或论文期刊来判断学术价值的话，有失偏颇。

　　《物种起源》也是一本书而已；中国的青蒿素获得了诺贝尔奖，同样只有一本专著而不是论文；再有 1983 年获得诺贝尔物理学奖的钱德拉塞卡最终也是靠专著而获得，他的理论写进了一本书里，差不多 30 年后，这个后来被称为"钱德拉塞卡极限"的发现因为专著的记载得到了天体物理学界的公认，因此获得了诺贝尔奖。

　　学术价值最终是以研究的内容为标准，而非载体的形式。

　　本书是一本严谨的学术著作。虽是一本学术专著，但也适合普通读者阅读。作者尽量用浅显的语言来阐述一些复杂的理论问题，尽量把一些深奥、复杂的问题简单化。当然，其中涉及的一些专业方面的知识并不是每个读者都能理解，这就难以苟全了。

对这些问题的思考及探讨，始于二十多年前。其中一些问题我写成了文章，但在没进入大学学习前，我还不知道论文的格式，所以尽管我锲而不舍地多次投稿，但那些连格式都不符合的文章肯定没有任何编辑会认真阅读，也没有遇到幻想中的伯乐能从这些文章中发现亮点，然后扶我一把。后来我上了大学，知道写论文的格式后，我将某些问题写成论文投给一些刊物，也有的写成后没有投出去，就存在电脑里。至于选择了权威刊物投稿的论文同样石沉大海。

本书是 1998 年我写的关于时间的全新观点的一篇论文的补充、扩展，当时投给了国内一家发表此方面论文的核心期刊，结果没有任何音讯。后来我才知道，一些权威学术刊物需要作者具备博士或教授身份，这是首要且必要条件，投稿时这二者我都不具备。

此后，我转到了经济学研究领域，将很多精力用到经济学方面。经过十多年的潜心研究，建立了一门新理论：策划经济学，主要研究策划信息，这对微观经济和现代企业解决市场信息非常有用。该理论已被广泛应用于实践。

在世界范围内，我是策划经济学的开拓研究者，其中，学科的核心词汇"策划"的英文名"Masterminding"是我命名的。在该领域，我的研究处于领先水平。这是经济学领域的基础性、原创性理论研究。在此领域我已经出版了18 本相关专著，而且被美国权威出版社 Cengage Learning 翻译成英语出版，发行到世界各地做教材。系列教材发行了几百万册，被国内、国外众多高校用作教材，影响了无数国内外高校学生和社会读者。

但在这期间，我还是没有完全中断对时间理论的思考，并把这些思考都记录了下来。有人会有怀疑：研究经济学的怎么来研究时间理论？是不是有点外行和不深入？实际上是这样：无论是搞理科还是文科研究，搞数学、物理或搞经济、文学，如果对自己领域要想深入探讨，想追根求源并找到问题的本质，最终都会思考宇宙问题。

科学的发展以及人们对宇宙的认识，时间、极限、无限、灵魂这几个问题是核心问题，它们也长期困扰着科学界。而人类创造的整个科学体系，包括数学、物理、化学、生物、医学、天文，甚至宗教也都与这几个问题有关。随着现代科学的突飞猛进，出现了互相冲突的理论以及无法解释的问题，如基因与进化论、外星人与宗教的冲突。假如出现外星人，会引起宗教的混乱吗？

本书是我正在撰写的有关宇宙理论方面的一部分，其中时间是宇宙问题中最关键的一个问题，所以就不难解释，从事经济研究的学者为何来研究时间理论。

作　者

2017 年 4 月

目　录

引读与回顾：

几千年人类被困在时间的迷宫里

《物理世界》（*Physics World*）25 周年刊探讨了由该杂志编辑评选的物理学五大悬疑，时间是其中之一。[1]

科学家和哲学家就时间的本质数百年来争论不休，尽管有一些进展，亚当·弗兰克（Adam Frank）却认为谜底似乎永无揭开之日。

人类对时间形成了很多错误、荒诞的观点，导致对科学的发展形成很多阻碍。

人类为什么会被困扰在时间的迷宫里数千年，主要因为表示多种意义的时间缠绕在一起，人类没有分清楚这些不同时间的意义。

时间涵盖了三个范畴：人文时间、科学时间和哲学时间。

许多哲学和自然科学巨匠，远的有公元前的，近的有现当代的，都没有走出时间的迷宫。

时间最初反映的就是太阳光变化的过程（白天到黑夜或黑夜到白天的变化过程），然后人类制造了一些机械，通过它们有规律的运动来反映这种变化，让大家以此安排活动。这就是时间作为计时系统的来源和本质。

人类认为宇宙中存在一种时间，并认为它是与宇宙同时存在的。时间与空间构成了宇宙，这种时间默默地流淌着，人的生长、衰老也是由时间决定的。

但如果要问存在的时间究竟是什么，是什么形态、什么形式？有什么性质、特性？目前没有任何理论能够解答。

在过去科学不发达的时代，人们有可能误认为时间是流水、空气、阳光。科学发展到今天，人们已经肯定这些都不是时间。

如今，人们已经能够探测 150 亿光年之外的遥远天体，可以洞察物质内部微观粒子的运动规律，也可以制造出各种精密的仪器，已经认识了原子、质子、电子、夸克等，探测到了磁场或电波、光波、电磁波、引力波等，还有暗物质，但这些都不是存在的时间。

即使时间没有形态，但可以有所体现或反映。正如我们虽然看不见磁场的形态，但能观察到它可以吸引铁；电波看不见，却可以通过传送图像和声音表现出来。

而时间是什么物质和形态？尽管科学发展到今天，人们似乎仍对它一无所知，找不到时间的蛛丝马迹。

问题究竟出在哪里？

第一，人们混淆了计时的时间和假设宇宙中存在的一种时间。

人们过去困扰在时间的迷宫里，对时间非常矛盾：一方面天天与时间打交道，处处离不开时间；另一方面，用科学的手段找不到它存在的证据，只好假设宇宙中存在一种时间，却根本无法认识到它有什么特性或反映，只是假设它存在于我们的宇宙中，甚至就是宇宙存在的一种形式，或归为心灵感应、精神之类。

这种假设的存在有两种情况：① 本身不存在；② 这种假设存在它的反面即"根本不存在"表示的意义是一样的。

从科学角度、以事实为依据的原则：这种假设存在的时间根本不存在。

宇宙中只有计时的时间，但它不是一种存在，而是人类的一种标准。几千年来人们又把计时的时间与存在的时间混为一谈，而这些时间所表示的意义完全不一样，所以更加让人理不清这些时间的本质，让人在时间的迷宫里打转。

第二，后来人们扩大了作为计时功能的时间的作用：借用计时时间来作为运动、事物存在过程的衡量标尺等。

用时间 T 来反映、比较运动事物的快慢和状态；用日历年月日来衡量人活了多少岁；用年月日表示过了多久等。而这些表示的时间本质完全不一样。

几千年来，人们把所有时间表示的意义混在一起，无法搞清时间的本质，形成很多错误的认识。

有人说，时间就是一个千古谜团，生活在这个谜团中的每一个人都与时间有非常紧密的关系，但又没有哪一个人能够看见或抓住它。每个人时时刻刻与时间打交道，人们每天要用时间来安排行动，但对它的本质却不了解。

由此还可以衍生出很多问题：

◆现代人有非常强的时间概念，上班、下班、乘车、约会等都必须以时间为准，时间究竟是什么？

◆人类可以回到过去吗？

◆可以进行时空隧道旅行吗？

◆如果超过光速，时间将会出现倒流吗？

◆宇宙中是否存在时间？如果存在时间，它又以怎样的方式、形态存在？是微粒（原子、质子、粒子）、光波，还是电磁波？

◆万事万物的生长、衰老是时间造成的吗？

时间是什么？我们还是来回顾一下几千年来人们在此方面的探索。

唯心派的理论家认为，时间是人的先验直觉；唯物派的理论家们视时间为客观存在，它与空间一道，是物质存在和运动的基本形式。

阿那克西曼德（Anaximander，约公元前 610—前 545 年），古希腊唯物主义哲学家，据传是"哲学史第一人"泰勒斯（Thales）的学生。他曾指出："各种存在物都是由本原产生的，存在物毁灭后，又回归于本原，这是必然会产生的，存在物是按照特定的时间程序，为其的不正义受到相应的惩罚，同时相互补偿。"[2]

柏拉图（Plato，约公元前 427 年—前 347 年）在《蒂迈欧篇》中说："理念的存在是一种永恒，而将这种性质全都赋予到所创造出来的东西，几乎是做不到的，因此造物主给永恒性创造出了一个活动的形象，在他将世界创造之后，他就按照永恒性的特征创造了一个通过数的规律来运动的形象，这就成为了我们说的时间"。[3]

"时间是关于前和后运动的数，并且是连续的"这是亚里士多德（Aristotle，公元前 384—前 322 年）对时间的定义。[4] 他还谈到了时间和运动的关系："时间既不是运动，又不能没有运动。"[5]"时间要么是运动，要么是运动的什么；既然它不是运动，就必然是运动的什么。"[5]

早期基督教的思想家奥古斯丁（Aurelius Augustinus，公元 354—430 年）在他的《忏悔录》中思考时间的本质问题，他说："时间是什么没人问我，我很清楚，一旦问起，我便茫然。"[6]

近代对物理学的重视，使时间问题再度变得突出。但是，数学和物理学名义上是研究时间，实际上是研究时间的计量，而不是研究时间的性质。物理学家对时间性质的无视，可以追溯到牛顿（Isaac Newton，公元 1643—1727 年）。他说："我不给时间、空间、位置和运动下定义，因为这些已为人所共知了。"[7]

牛顿在《自然科学的数学原理》一书的"定义及注释"中有这样一些词："时间""空间""处所"和"运动"，这些词应该正确理解为它们的可感知的量度；而如果是指被量度的数量本身，那么这些名称就会变得极不寻常而纯粹成为是数学的了。因此，那些把这些词解释为被量度的数量的人，破坏了本应保持精确的语言的准确性。那些把实在的数量同它们的关系和可感知的量度混为一谈的人，也同样玷污了数学和哲学的真理的纯洁性。[8]

故而牛顿对时间的认识和定义就有两种：绝对的、真正的、数学的时间自身在流逝着，而且由于其本性而在均匀地、与任何其他外界事物无关地流逝着，又可以名之为"延续性"；相对的、表观的和通常的时间是延续性的可感觉的、外部的（无论是精确的还是不相等的）通过运动来进行的量度。我们通常就用诸如小时、日、月、年等量度以代替真正的时间。[9]

康德（Immanuel Kant，公元 1724—1804 年）曾批评

一种将时间作为自存性实存的观点说：只有时间的绝对的实在性……是不能承认的。如果他们采取自存性的看法（这是从数学研究自然的那一派人的通常看法），那么他们必然要假定两种永恒无限而独立持存的杜撰之物，它们存在着（却又不是某种现实的东西），只是为了把一切现实的东西包含于自身之内。[10]

康德的时间观与牛顿的时间观主要差别就在于：时间并不能作为客体被看作现实的，而是作为我自己表现为客体的方式而被看作现实的。[11]

康德所论的时间是纯主观的时间："时间非自身存在之事物，亦非属于事物唯一客观的规定，故当抽去其直观之一切主观条件，则并无时间留存。"[12]

黑格尔（G. W. F. Hegel，公元 1770—1831 年）认识到时间实际上是物质持续性的量度。他说："时间是那种存在的时候不存在，不存在的时候存在的存在，是被直观的变易。"[13]

莱布尼茨（Gottfried Wilhelm Leibniz，公元 1646—1716 年）的时间论与牛顿的时间论有相似之处，但没有系统的论述。罗素（Bertrand Russell，公元 1872—1970 年）将其总结为两种："一种是主观的，它仅仅给人以每个单子的知觉之间的关系。另一种是客观的，它给予知觉间的关系一种在知觉的对象中的对应物。"[14]

马克思（Karl Heinrich Marx，公元 1818—1883 年）指出，"时间，即时的不连续性，被直观地生成现在、将来和过去……确定空间、地点，确定时间、运动，它们的统一——物质。"[15] "正如运动的量的存在是时间一样，劳动的量的存在是劳动时间。"[16]

恩格斯（Friedrich Von Engels，公元 1820—1895 年）指出："一切存在的基本形式是空间和时间，时间以外的存在和空间以外的存在，同样是非常荒诞的事情。"[17]

柏格森（Henri Bergson，公元 1859—1941 年）总结道："对于时间确有两种可能的概念，一种是纯粹的，没有杂物在内，一种偷偷地引入了空间的观念。"柏格森把时间看作第四维："我们为了这些摇摆创造了空间的第四维，这第四维被称为纯一的时间。"[18]

爱因斯坦（Albert Einstein，公元 1879—1955 年）说的时间是可变的、相对的，但是他得出此结论的出发点不是心智，而是观察坐标："我们决不能给同时性概念以绝对的意义；相反，两个事件若在某一坐标系看来是同时的，从另一与这坐标系做相对运动的系统来观察，就不能看作是同时的。"[19]

德国著名哲学家海德格尔（Martin Heidegger，公元 1889—1976 年）说："像存在一样，时间以同样的方式通过日常的观念为我们所熟知，但是一旦我们开始去阐释时间的本性，它还会以同样的方式不为我们所熟知。"[20]

海德格尔说得很明白："任何一种存在之理解都必须以时间为其视野。"[21]

现为英国米德尔塞克斯大学的现代欧洲哲学教授奥斯本（Peter Osborne）把时间与文化结合起来，认为"现代性是一种关于时间的文化"。[22] 他的《时间的政治》（*The Politics of Time*）被评价为当今关于现代性和后现代性争论中有关时间哲学的一部重要著作。他颠倒了传统的亚里士多德式的通过变化来理解时间的路径，而是反过来，通过时间来理解变化，将"现代性""后现代性""传统"等概念作为历史总体化的范畴和历史时间化的独特形式来理解，并进而提出了历史时间自身的本质问题。

上述这些巨匠们对时间的看法，很多都非常晦涩难懂。

我国青年学者谭光辉把文学作品中的故事层面与时间相结合："无论对时间的理解有多么困难，无论我们是否认可牛顿所说的客观时间是否存在，我们理解的故事层面的时间总是客观时间。"[23]

这些关于时间的观点有的只是说到了其中一方面，有的是混淆了时间的不同意义。

归纳起来，在哲学和自然科学发展的历史上，人类对于时间的认识大致包括以下几类。

（1）作为宇宙中客观存在。主要代表人物是牛顿，他把时间和空间看成是不依赖于任何物质或人的主观意识而独立存在的实在之物或自存体。

（2）主观型时空观。代表人物是笛卡尔和康德，笛卡尔认为时间和空间是思维领域的某种属性，而康德认为时空是纯直观的感性形式，是一种主观的产物。

（3）属性型时空观。代表人物是莱布尼兹，他认为时间和空间只不过是事物的某种关系、秩序或属性，依附于实在物之中，本身并没有实体的存在。

（4）运动的反映者。主要代表人物是亚里士多德，他认为时间是物质运动过程的量度，空间是物体的包围者。马克思把时间看成是物理运动的基础。

（5）相对论时空观，以爱因斯坦为代表，他认为时空的几何属性依赖于物质的分布，作为物质运动广延性的空间与物质运动连续性的时间，是物质与运动的一种最基本的属性。

（6）时空结合。恩格斯认为一切存在的基本形式是空间和时间，宇宙中没有离得开时间和空间以外的存在。

（7）时间是历史的依托。有人认为把时间与历史事件结合起来，认为人是生存在历史中，也就是生存在时间里。

（8）上帝创造时间。有人认为时间是被上帝创造的，也有人认为时间是上帝的属性，还有人认为时间就是上帝自身。

注释：

1. Adam Frank. What is time?, Physics World, 2013-10-24.

2. 汪子嵩. 希腊哲学史：第 1 卷 [M]. 北京：人民出版社，1988：187.

3. 柏拉图. 柏拉图全集 [M]. 王晓朝，译. 北京：人民出版社，2003：288.

4. 亚里士多德. 物理学 [M]. 张竹明，译. 北京：商务印书馆，1982：127.

5. 亚里士多德. 亚里士多德全集：第二卷 [M]. 北京：中国人民大学出版社，1991：116.

6. 圣·奥古斯汀. 忏悔录：第 6 卷（14 章）[M]. 上海：商务印书馆，1943：271.

7. 牛顿. 自然哲学的数学原理 [M]. 美国：加利福尼亚大学出版社，1947：6.

8．牛顿，（美）H·S·塞耶．牛顿自然哲学著作选[M]．王福山，等译．上海：上海译文出版社，2001：33-34．

9．牛顿，（美）H·S·塞耶．牛顿自然哲学著作选[M]．王福山，等译．上海：上海译文出版社，2001：26．

10．康德．纯粹理性批判[M]．邓晓芒，译．北京：人民出版社，2003：41-42．

11．康德．纯粹理性批判[M]．邓晓芒，译．北京：人民出版社，2003：39．

12．康德．纯粹理性批判[M]．蓝公武，译．北京：商务印书馆，1960：58．

13．黑格尔．自然哲学[M]．梁志学，译．北京：商务印书馆，1980：39-42．

14．罗素．对莱布尼茨哲学的批评性解释[M]．段德智，等译．北京：商务印书馆，2010：160．

15．马克思．马克思恩格斯全集：第40卷[M]．北京：人民出版社，1998：177．

16．马克思．马克思恩格斯全集：第40卷[M]．北京：人民出版社，1998：422．

17．马克思．马克思恩格斯全集：第40卷[M]．北京：人民出版社，1998：91．

18．柏格森．时间与自由意志[M]．吴士栋，译．北京：商务印书馆，1958：67-74．

19．爱因斯坦．相对论原理[M]//爱因斯坦论运动物体的电动力学．赵志田，刘一贯，译．北京：科学出版社，1980：36．

20．海德格尔．存在与时间：修订译本[M]．北京：三联书店，1999：6.

21. 海德格尔. 存在与时间：修订译本 [M]. 北京：三联书店，1999：1.

22. 奥斯本. 时间的政治 [M]. 北京：商务印书馆，2004：（序言）5.

23. 谭光辉. 故事时间与叙述时间的错位与变形 [J]. 广州大学学报（社会科学版），2016（1）.

扩展阅读：

An Elementary Introduction to the Logic of Temporal Reasoning.

Barbour, Julian. *The End of Time*, Weidenfeld and Nicolson, London, and Oxford University Press, New York, 1999.

Butterfield, Jeremy. *Seeing the Present*, Mind, 93, （1984）, pp. 161-176.

Callender, Craig and Carl Hoefer. *"Philosophy of Space-Time Physics" in The Blackwell Guide to the Philosophy of Science*, ed. by Peter Machamer and Michael Silberstein, Blackwell Publishers, 2002, pp. 173-198.

Callender, Craig, and Ralph Edney. *Introducing Time*, Totem Books, USA, 2001.

Callender, Craig. *Is Time an Illusion?*, Scientific American, June, 2010, pp. 58-65.

Callender, Craig. *The Common Now*, Philosophical

Issues 18, pp. 339-361 (2008) .

Callender, Craig. *The Subjectivity the Present*, Chronos, V, 2003-4, pp. 108-126.

Carroll, John W. and Ned Markosian. *An Introduction to Metaphysics*, Cambridge University Press, 2010.

Carroll, Sean. *Ten Things Everyone Should Know About Time*, Discover Magazine, Cosmic Variance, online 2011.

Carroll, Sean. *From Eternity to Here: The Quest for the Ultimate Theory of Time*, Dutton/Penguin Group, New York, 2010.

Dainton, Barry. *Time and Space*, McGill-Queens University Press, 2010.

Damasio, Antonio R. *Remembering When*, Scientific American: Special Edition: A Matter of Time, vol. 287, no. 3, 2002; reprinted in Katzenstein, 2006, pp.34-41.

Davies, Paul. *About Time: Einstein's Unfinished Revolution*, Simon & Schuster, 1995.

Davies, Paul. *How to Build a Time Machine*, Viking Penguin, 2002.

Deutsch, David and Michael Lockwood:*The Quantum Physics of Time Travel*, Scientific American, pp. 68-74. March 1994.

Dowden, Bradley. *The Metaphysics of Time: a Dialogue*, Rowman & Littlefield Publishers, Inc. 2009.

Dummett, Michael. *Is Time a Continuum of Instants?* Philosophy, 2000, Cambridge University Press, pp. 497-515.

Earman, John. *Implications of Causal Propagation Outside the Null-Cone*, Australasian Journal of Philosophy, 50, 1972, pp. 222-237.

Fisher, A. R. J. *David Lewis, Donald C. Williams, and the History of Metaphysics in the Twentieth Century*, Journal of the American Philosophical Association, volume 1, issue 1, Spring 2015.

Grant, Andrew. *Time's Arrow*, Science News, July 25, 2015, pp. 15-18.

Grünbaum, Adolf. *Relativity and the Atomicity of Becoming*, Review of Metaphysics, 1950-51, pp. 143-186.

Haack, Susan. *Deviant Logic*, Cambridge University Press, 1974.

Hawking, Stephen. *The Chronology Protection Hypothesis*, Physical Review. D 46, p. 603, 1992.

Hawking, Stephen. *A Brief History of Time*, Bantam Books, 1996.

Horwich, Paul. *Asymmetries in Time*, The MIT Press, 1987.

Katzenstein, Larry. *Scientific American Special Edition: A Matter of Time*, vol. 16, no. 1, 2006.

Krauss, Lawrence M. and Glenn D. Starkman.*The Fate of Life in the Universe*, Scientific American Special Edition: The Once and Future Cosmos, Dec. 2002, pp. 50-57.

Kretzmann, Norman.*Omniscience and Immutability*, The Journal of Philosophy, July 1966, pp. 409-421.

Lasky, Ronald C. *Time and the Twin Paradox*, in Katzenstein, 2006, pp. 21-23.

Le Poidevin, Robin and Murray MacBeath.*The Philosophy of Time*, Oxford University Press, 1993.

Le Poidevin, Robin, Travels in Four Dimensions.*The Enigmas of Space and Time*, Oxford University Press, 2003.

Light,Princeton University Press, 1995.

Lockwood, Michael. The Labyrinth of Time: *Introducing the Universe*, Oxford University Press, 2005.

M. Carmeli. *Classical Fields: General Relativity Gauge Theory* Wiley, New York, 1982.

Markosian, Ned. *A Defense of Presentism*, Oxford Studies in Metaphysics, Vol. 1, Oxford University Press, 2003.

Maudlin, Tim. *The Metaphysics Within Physics*, Oxford University Press, 2007.

McTaggart, J. M. E. *The Nature of Existence*, Cambridge University Press, 1927.

Mellor, D. H. *Real Time II*, International Library of Philosophy, 1998.

Mozersky, M. Joshua. *The B-Theory in the Twentieth Century*, in A Companion to the Philosophy of Time. Ed. by Heather Dyke and Adrian Bardon, John Wiley & Sons, Inc. 2013, pp. 167-182.

Nadis, Steve. *Starting Point*, Discover, September 2013, pp. 36-41.

Norton, John. *Time Really Passes*, Humana.Mente: Journal of Philosophical Studies, 13 April 2010.

Øhrstrøm, P. and P. F. V. Hasle. *Temporal Logic: from Ancient Ideas to Artificial Intelligence*. Kluwer Academic Publishers, 1995.

Perry, John. *The Problem of the Essential Indexical*, Noûs, 13 (1) , (1979) , pp. 3-21.

Pinker, Steven. *The Stuff of Thought: Language as a Window into Human Nature*, Penguin Group, 2007.

Pöppel, Ernst. *Mindworks: Time and Conscious Experience*. San Diego: Harcourt Brace Jovanovich. 1988.

Prior, A. N. *Critical Notices: Richard Gale, The Language of Time*, Mind, 78, no. 311, 1969, 453-460.

Prior, A. N. *Thank Goodness That's Over*, Philosophy, 34 (1959) , p. 17.

Prior, A. N. *The Notion of the Present*, Studium Generale, volume 23, 1970, pp. 245-8.

Prior, A. N. *Past, Present and Future*, Oxford University Press, 1967.

Putnam, Hilary. *Time and Physical Geometry*,The Journal of Philosophy, 64 (1967) , pp. 240-246.

Russell, Bertrand. *On the Experience of Time*, Monist, 25 (1915) , pp. 212-233.

Russell, Bertrand. *Our Knowledge of the External World*. W. W. Norton and Co. New York, 1929, pp. 123-128.

Saunders, Simon. *How Relativity Contradicts Presentism*,

in Time, Reality & Experience edited by Craig Callender, Cambridge University Press, 2002, pp. 277-292.

Savitt, Steven F. *Time's Arrows Today: Recent Physical and Philosophical Work on the Direction of Time.* Cambridge University Press, 1995.

Sciama, Dennis. *Time 'Paradoxes' in Relativity,* in The Nature of Time edited by Raymond Flood and Michael Lockwood, Basil Blackwell, 1986, pp. 6-21.

Shoemaker, Sydney. *Time without Change*, Journal of Philosophy, 66 (1969) , pp. 363-381.

Sider, Ted. *The Stage View and Temporary Intrinsics*, The Philosophical Review, 106 (2) (2000), pp. 197-231.

Sklar, Lawrence. *Space, Time, and Spacetime*, University of California Press, 1976.

Sorabji, Richard. *Matter, Space, & Motion: Theories in Antiquity and Their Sequel*, Cornell University Press, 1988.

Steinhardt, Paul J. *The Inflation Debate: Is the theory at the heart of modern cosmology deeply flawed?* Scientific American, April, 2011, pp. 36-43.

Thomson, Judith Jarvis. *Parthood and Identity across Time*, Journal of Philosophy 80, 1983, 201-20.

Thorne, Kip S. *Black Holes and Time Warps: Einstein's Outrageous Legacy*, W. W. Norton & Co. 1994.

Van Fraassen, Bas C. *An Introduction to the Philosophy of Time and Space*, Columbia University Press, 1985.

Veneziano, Gabriele. *The Myth of the Beginning of Time,*

Scientific American, May 2004, pp. 54-65, reprinted in Katzenstein, 2006, pp. 72-81.

W. B. Bonnor, J. Phys. *A: Math*, Gen. 13, 2121 (1980) .

Whitrow. G. J. *The Natural Philosophy of Time*, Clarendon Press, 1980.

第一章 时间的根源：古代时间观

在没有精确计时器的古代（原始社会及以前），人们有无时间观念？时间观念是怎样的呢？

古人对黑夜交替现象的反应是强烈的，因为人们的所有行动与此有关：日出而作，日落而息。然后，人们对由于月亮自转产生的夜光明暗的变化也有反应，但这种反映显然没有太阳光产生的变化那么明显。因为人们的很多行动与太阳光的变化过程有关，而与月光的强弱变化关系不是很大。而人们对地球绕太阳公转产生的四季变化反应也明显，因为要根据此变化规律安排农活。

人类对太阳光的强弱变化过程、月光的明暗变化过程、四季交替现象的认识也经历了由简单到深入、由粗浅到精细的过程，直到后来积累了更多的天文知识，掌握了更多的天文原理后，最终才认识到这些是地球、月球、太阳运动产生的现象，再发展到准确测定它们之间的关系，并用一些仪器来测量和总结它们的运动规律，使这些仪器和太阳光的昼夜变化过程产生某些关系，这些仪器称计时器。

但这些仪器所反映的并不是宇宙中存在一种"时间"，它们反映的是地球围绕太阳运动产生的光线强烈、明暗变化的过程，在语言上简称为"时间"。

后来随着人类语言的发展，时间表示的意义和内涵有所增加，扩展到多种含义。

为了区别"时间"这个词汇所表示的不同本质，本书用另外的词汇或明确的限定来进行区分。

对地球围绕太阳运转产生的太阳光强弱、明暗变化的过程，地球公转与自转产生的四季交替等自然现象，这种时间本质上为计时系统的时间。

人们对"一日"的感觉和反应是最强烈的，因为这种自然现象的发生非常频繁：太阳光从明到暗（或从暗到明）就完成了一次循环，而且人们必须依据此变化而活动。

没有计时器的时代，人们没有准确的时间观念，最初是如何根据太阳光的强弱变化产生的昼夜交替现象安排行动呢？

总的原则是：日出而作，日落而息。

太阳光的亮度让人在能看见东西的时候就开始起床吃早饭，然后出去围猎或做农活。人们以某种东西作为参照物，当太阳照到某个地方时回去吃午饭。而当没有太阳光作为参照的阴天或雾天，人们就很难有时间概念了，只能凭感觉安排行动。

在古代相当长的一段时期，人们还以公鸡鸣叫来知晓昼夜交替的状况，然后安排行动。

后来人类逐渐发现了与太阳光变化相关的、可用来安排人类活动的一些现象：太阳光下的影子变化具有规律性，例如房屋、树木、石头等影子的变化规律。每天太阳升起和落下时，树木影子的方向、长度大体上是一定的，而且影子总在两个影子之间移动，根据这种周而复始的有规律的自然现象，人们能够更好地安排行动。之后，人们为了弄清楚这种变化规律，在树木、岩石影子出现过的地方放上小石块，以岩石的影子来计量太阳光变化的强弱过程；在影子的中间放上小石块，阳光移动到此处时最强烈；再在影子之间放上几块小石块，把白天区分成好几个阶段。人们根据这样的划分，安排一天的生产与生活就比较方便。

因此，最早的人类借助物体的影子来反映地球运转产生的阳光照射的变化过程，同时用天然现象——太阳光的影子作为计时工具。这种被后来称为"计时时间"的工具，反映的是地球围绕太阳运转产生的光线的强弱、明暗变化现象和过程，并不是记录和反映宇宙中存在一种时间。

现在农村有些老人，一看日影照射的地方，就能说出与钟表相近的时间，就是古老计时方法的遗存。

凭借太阳光的强弱变化过程来安排人的行动，有时非常不方便，比如下雨天、阴天、雾天等，因为没有太阳光的影子。

其实，今天的人们同样可以不用计时器，只凭感觉或上述方法来安排行动。

专题研究

其实在我国，人们用钟表来计时的历史也不长，普及手表可能是在 20 世纪 80 年代后期。在这之前，偏远的农村很少用上钟、表等计时器。

我小时候经历过没有钟、表等计时器，没有准确的时间观念的生活。我家所在的整个村子都没有钟或手表，行动完全依靠太阳光照射形成的影子或者鸡鸣。我的奶奶甚至不知道她活了多少年，遇到懂的人就问今年是哪一年了。那时农村很多人也不知今年是哪一年，经常聚到一起，讨论过了多少个春季，就是四季轮回，这样来大概了解过了多少年。

我们小时候上学，由于连我的小学老师也没手表，所以上课没有统一的时间，经常是学生吃了早饭后，大家互相约着一起去上学。有时候，大家还要等因为不知时间而还尚未到校的学生，所有人到齐了才开始上课。

我上初中时，从家里到学校要步行十里路程，遇到阴天或雾天就惨了，因为失去了阳光作为参照物，鸡鸣有时无规律。我妈经常半夜就起来给我煮饭，煮熟后又去睡，等天稍亮就叫醒我。在大雾天，太阳光的变化完全失去了判断标准，阳光何时出来完全没有规律，很多时候我们凭感觉去上学，有时举着火把走到学校，结果才半夜。这种事情遇到过多次。

第二章　古代计时器的类型、原理、本质

早期计时方式的出现为人们的耕种活动提供了方便。在农业经济时代，因为技术水平不发达，所以在时间的测量上并不准确。早期每个计时工具的出现都经历了很长一段时间，人们在使用这些计时工具的过程中发现其中的不足，并反复改进。这是计时工具自然演进的过程。

一、利用日影变化制作的计时器的原理、本质

◎圭表

原始社会时期，人们并没有准确的时间观念，只能通过用眼睛观察太阳距地面高度的变化来安排行动。随着人们对大自然认识的增加，特别是开始定居生活，以及农业、畜牧业的发展，人们越来越需要对昼夜变化过程有更准确的认识，便根据太阳投射到地面物体的影子长短来安排行动。

为了更加准确地测量太阳光的变化，更好地进行劳动、生活，人们利用日影的移动发明了圭表。它是利用阳光下影子变化的规律，将木杆直立在空地上，观察木杆影子长度的变化情况。从天亮开始，影子越来越短，到了中午影

子最短，然后又逐渐变长，直到天黑。

在立竿测影的方法出现前，在相当长的时间内，人们利用自然物观察日影的变化，并无专用的、特制的杆。通过长时间的观察与总结，人们想到在平地上直立一根杆或柱子，这杆或柱便成了早期的"表"。于是，出现了人工立竿测影的历程。最早使用的是"表"，用于观察从日出到日落的影子变化，其后才出现"圭"。"圭"是"表"下端南北方向的水平尺，又被称为"量天尺"。

最初在使用圭表时，影子会落到圭表外，后来几经改进，延长了圭的长度，在另一端增加一个相对较短的"小表"的设计，叫"立圭"，这样当影子长时就可以在立圭上反映出来。

🔍选读资料

圭表主要由表和圭相互垂直组成。表，又称"髀""染""碑""竿""稗""桌"等，是直立于地的杆子或柱子。

图 2-1　古代的圭表

圭表是中国最早创制出的，据中国《周礼》以及更早的历史文献记录，立竿测影的土圭早已发明。最早的圭表一般由木、石、竹制成，制作工艺非常简单。而到了汉代之后，人们开始利用从自然界中获取的铜制作圭表。

图 2-2　古代的圭表

　　铜是人类生产生活中使用最早的金属。由于最初使用的铜是大自然中的单质铜，可以直接获取，不需要冶炼制作，加工工艺也特别简单，即通过锤打等就可完成简单的制作，从而被应用到日常生活中。在汉代之后的各个时期，表的高度都有不同的变化，并且将圭和表一起使用。

　　圭表除了测定一日太阳光的变化外，还利用太阳光影子移动的规律推定二十四节气和确定回归年长度。

◎日晷

　　日晷也是利用太阳的投影观测时刻，又称为"日规"。人们使用日晷长达几千年之久。

图 2-3　中国古代的日晷

人们发明了日晷，改变了圭表计时精度不高的状况。

日晷也是根据日影位置的变化来测量时间，其主要由日晷针、日晷面和日晷座组成。

晷针和标有刻度的晷面组成了晷，晷针为铜制的，由一根细针组成；晷面上有刻度分化和注字，叫作指时盘，它可以是一个圆盘，或是一块平板。

晷针垂直穿过晷面中心，起到圭表中立杆的作用。日晷的制作以及构造比圭表复杂得多。日晷的时刻是通过观看晷针的影子落在指时盘上什么地方进行读取的，有太阳的时候，随着太阳的移动，"表针"在"表盘"不同的刻度上留下阴影，这样就可以知道时刻了。现代钟表的指针在表盘上转动和晷影在晷盘的移动特别相似，都是以指针或影子在表盘上移动显示时间。

选读资料

日晷的分类

日晷按照日晷面所放位置的不同，分为赤道式日晷、地平式日晷、立日晷、斜日晷等。最常见的是赤道式日晷和地平式日晷。中国传统的日晷是一种赤道式日晷。

赤道式日晷，其晷面一般为石质，晷面和地球的赤道面平行。换言之，晷面和地平面成一角度，这一角度随着地理纬度的不同而变化。在晷面中心安装一根垂直于晷面的指针，同地球自转轴的方向平行。晷面的上下两面均刻有子、丑、寅、卯、辰、巳、午、未、申、酉、戌、亥十二时辰，刻度均匀。

太阳出来后，晷针的影子落在哪个时辰的刻度上，即说明此时是什么时辰。每年春分以后，采用影计时需看正面的影，秋分以后需看晷背面的影。跟圭表不同的是，用日晷测定时间不是根据日影的长度，而是根据日影的方向。在一天内，晷针针影随着太阳运转而移动，其在刻度盘上的不同位置就可以较为精确地表示出一天中太阳光不同变化的过程。

一年当中，从春分到秋分期间，太阳总是在赤道以北旋转，所以影子投在了晷面上方；相反，从秋分到春分期间，太阳在赤道以南旋转，影子自然投向晷面的下方。人们通过观察不同时期晷针的投影方位来读取晷。因为每一个地区本地时刻都略有差异，只有用它才能测量确定。由于晷的装置设计相对简单，所以晷的设置与应用非常普遍，并且在农村庙宇中得到广泛使用。

日晷比圭表计时更加准确，但日晷的使用也同样离不开太阳光，在晚上和晨、昏、阴、晦、雨、雪等天气，没有指向刻度的标杆投影便失去效用，所以使用时同样具有局限性。当时人们在晚上不需要进行各种生产劳动，只是日出而作，日落而息，日晷还算能够满足人们的需要。

◎圭表和日晷的原理、本质

圭表和日晷都是利用太阳光照射的影子来计时，本质同样是反映地球运转形成的太阳光的强弱、明暗变化过程。在当时人们并不称为"时间"，只是用些文字来描述这些形象，并以此安排行动。人们知道这种文字所反映的内容是太阳光变化的过程，比如"子"，都知道这时太阳光照射到当地什么位置。

虽然当时圭表和日晷是用来"计时"，或将其表示为"时间"，但其意义同样表示的是太阳光变化的过程，而非表示宇宙中存在一种时间。

后来人们把用圭表、日晷记录太阳光变化过程的计时时间和认为宇宙中存在的时间都统称为"时间"。"时间"一词所表达的意思已经得到了衍生。

这也因此造成后来人们对时间的混乱认识，混淆了计时的时间和存在的时间各自的本质。人们把这两种完全不同本质的时间混在一起，造成了几千年来对时间的困惑。

有人会提出以下命题：

（1）地球、太阳的运动反映的就是时间。

（2）地球、太阳是因为存在时间才能运动。

（3）没有时间，地球、太阳就不能运动，宇宙中不存在没有时间的运动。

这些问题后面将逐一讨论，不然会遇到逻辑循环问题。我们先一个一个来讨论，这样才能解开逻辑循环问题。

人类在早期，根本就不知道地球、太阳、月球等星球的运动关系。当时只是以太阳光的强弱、明暗变化过程，或四季轮回的自然现象来建立时间。这是时间最初的来源与本质。后来随着人类科技的进步，人们知道这些现象是由地球、太阳、月球的运动造成的，并能准确地测量这种运动关系。

至于星球运动是否与宇宙中存在的时间有关，则是另外一回事，后面将专门讨论。

二、利用有规律运动制造的计时器的原理、本质

◎漏 壶

在漫长的历史岁月里，人类经过不断的实践，创造并逐渐完善了圭表、日晷。但随着社会的发展和人类聚居程度的提高，人类活动仅局限在白天，仅用日晷计时的方式就逐渐被淘汰了。之后，人们发明了在夜间也能计时的漏壶，弥补了圭表和日晷只能用日影计时的缺点。

漏壶的发展也经历了从简单到复杂、从粗糙到精细的过程。

首先，出现的是水漏。以壶盛水，利用水均衡滴漏原理，观测壶中水量的变化。

图 2-4　单桶漏壶

早期的漏壶一般是单只泄水型或受水型漏壶，结构简单，使用方便。一开始，古人把壶里装上水，壶的底部留一个孔，这样壶里的水就会一滴一滴地漏下来，通过观测漏水的多少计时。

　　但是水流速度与壶中水的多少有关，单只漏壶随着壶中水的减少，流水速度变慢，这样直接影响计时的稳定性和精确度。

　　后来，古人发现水多的时候水壶里的水滴得快，水少的时候就滴得慢，就在漏水壶上另加一只漏水壶，用上面流出的水来补充下面壶的水量，就可以提高下面壶流水的稳定性。于是又发明了用多个水壶计时的方法，这样就形成了多级漏壶。

图 2-5　多级漏壶

　　但这种办法只适用于受水型漏壶，因此泄水型漏壶很快便被淘汰了。

　　漏壶按计时方法大体上可分为两种：一种是通过观测容器内水的漏泄情况来计量，叫作泄水型漏壶；另一种是通过观测容器（底部无孔）内流入水的增加情况来计量，叫作受水型漏壶。

　　发明增加补给壶的办法之后，人们自然会想到，可以在补给壶之上再加补给壶，形成多级漏壶。补给壶的使用大概始于西汉末东汉初。东汉张衡已使用二级漏壶，即一只漏壶和一只补给壶（不计最下面的受水壶，下同。）。晋代出现了三只一套的出水壶。唐初吕才设计了四只一套的漏壶。北宋燕肃又发明了另一种方法，他在中间一级壶的上方开一孔，使上面来的过量水自动从这个分水孔溢出，让水位保持恒定。燕肃创制的漏壶叫"莲花漏"，北宋时曾风行各地。

为了方便观察和计量漏水情况，人们又想了各种方法。

最早的漏壶是在漏壶中插入一根标竿，称为箭、箭刻或箭尺。箭上标有刻度，箭下用一只箭舟托着，浮在水面上。水流出或流入壶中时，箭上升或下沉，借以指示时刻，以壶口处所对应箭上的刻度指示读取时间，前者为泄水型漏壶，叫作沉箭漏；后者为受水型漏壶，叫作浮箭漏，这两种类型统称箭漏。

◎**漏壶的计时方法**

漏壶根据物质有规律的运动与地球围绕太阳运转产生的光线变化的强弱、明暗的过程相吻合。具体来说，产生如下联系：

漏壶中水的流动过程＝太阳从出来到黑夜（整个白天）；

漏壶中水的流动过程＝从黑夜到太阳出来（整个夜晚）；

漏壶中水的流动过程＝太阳从出来到黑夜，再从黑夜到太阳出来（从白天到夜晚整个的循环过程）。

选读资料

箭刻划分与其本质

箭刻划分其实是划分比日更小的计时单位，主要体现在箭刻的刻度上。

长久以来，人们没有意识到需要有比日更短的时间单位。但是，随着社会的不断发展，社会生活节奏的不断加快，人们不满足仅有年月日这些自然时间单位，出现了对更小时间单位的需求。为此，古人人为地制定了一些比日更小的时间单位以计算一天的时间，如十时制、十二时辰制、十六时制等。中国古代普遍采用的是把一日分成十二时辰的计时制度。

古代，主要根据天色把一昼夜分为十二段：日出时叫旦、早、朝、晨；日人时叫夕、暮、昏、晚；太阳正中叫日中；将近日中时叫隅时。古人一日两餐，朝食在日出之后，隅中之前，这段时间叫食时；夕食在日映之后，日人之前，这段时间叫哺时；日人以后是黄昏；黄昏以后是人定；人定以后是夜半；夜半以后是鸡鸣；天亮的时候，称为平旦或平明。这样，一昼夜的十二段，便有了相对应的说法。

十二地支计时法从汉代开始，把一天分为十二段，用"子丑寅卯辰巳午未申酉戌亥"十二地支来标示。

当日的半夜十一时至次日一时为子时，所以今天有"子夜"一词，一至三时为丑时，依此类推。

特别注意：对一日的细分是人为的、任意的，因为没有对应的稳定的自然规律。

在古代，与十二时辰同时并行的还有一种漏刻计时法——百刻制。

百刻制在初始时的使用方法，大致是以昏、旦为分界线，把一天的时刻划分为昼漏和夜漏。《周礼·夏官司马·挈壶氏》载："以水守壶者，为沃漏也。以火守壶者，夜则视刻数也。分以日夜者，异昼夜漏也。漏之箭昼夜共百刻，冬夏之间有长短焉。"[1] 由此可知，使用漏刻计时将一昼夜分为 100 刻，各季节使用的昼夜刻数不同。在百刻制使用初期，一般规定：夏至日昼漏 60 刻，夜漏 40 刻；冬至日昼漏 40 刻，夜漏 60 刻；春分、秋分昼夜平分。自昏旦改制成二刻半后，夏至日昼漏就成为 65 刻，夜漏 35 刻；冬至昼漏 45 刻，夜漏 55 刻；春秋分昼漏 55 刻，夜漏 45 刻。在具体操作过程中，将白天和黑夜分开计时。使用时，通常将一根箭的刻数，在中间作出标记，将上下一分为二，故报时时，称昼漏上水×刻，或昼漏下水×刻；夜漏上水×刻，夜漏未尽×刻。由此便可用"昼漏上×刻"、"夜漏上×刻"来分别记数以旦为起点的白昼时刻，以及以昏为起点的夜晚时刻。也可以用"昼漏未尽×刻"或"夜漏未尽×刻"来表示白天距昏，以及黑夜距旦的时刻，相当于现在的几点差几分。当昼夜交替时，不管壶水是否漏尽，都要重新加满水，重新起漏。[2]

对一天还有不同的划分，如将昼夜划分成一百二十刻、一百零八刻、九十六刻等，只不过百刻制是使用时间最长的一种时间单位。

但是，百刻制是一种人为的时间单位，它难以找到对应的太阳光变化的规律，因此不便于计时。而十二时辰制度比较符合计时的习惯，但划分过粗。于是，这两种制度就相互补充，长期共存了。

除时刻、时辰外，还有更、点等独特的夜间计时单位。

一夜分五更，每更时间长短依夜的长短而定。因为打更时击鼓报更，所以几更又称为几鼓。

"更"的起源见于《周礼》："凡军事，悬壶以序聚析"[1]。这句话的意思是说，军事上用漏壶来计时，由于军队需要夜晚戒备，需要一些人顺着次序更代守夜。他们通过用两木相击来报道夜时，从而换班值勤。因此，击"析"就可称为"更"的起源了。这是目前发现的古文献中关于"更"的最早记述。又因汉代皇宫中值班人员分五个班次，按时更换，叫"五更"，由此便把一夜分为五更，一更又分为五点，每更为一个时辰。

对计时的方法准确化和精细化。

由于昼夜长短是随季节变化的，不同季节白昼或黑夜的刻数不等。如果仍然使用同一个刻度的箭就会导致计时不准确，所以人们发明了在不同季节使用不同箭的方法，来使一年中的昼夜漏刻随季节而增减。西汉时，一年使用 40 根箭，每九天换 1 根箭，使昼夜漏刻增减一刻。东汉和帝时又做出小的改进，规定太阳每南、北移动 2 度更换 1 箭，全年使用 48 箭。但在历法中，人们还是根据实测来确定不同节气的昼夜长度，或在此基础上以一定的经验推算各季节的昼夜长短。

◎ 秤　漏

秤漏是以滴水的重量来计量时间的漏壶。秤漏的最早制造者是公元 5 世纪的北魏道士李兰。

秤漏有一只供水壶，通过一根虹吸管（即古代的渴乌）将水引到一只受水壶（称为权器）中。权器悬挂在秤杆的一端，秤杆的另一端则挂有平衡锤。当流入权器中的水为一升时，重量为一斤，时间为一刻。其基本原理是以供水壶流出的水的重量作为计时标准，以秤杆上的刻度作为显时系统。李兰秤漏的巧妙之处在于它的稳流系统可以基本保证虹吸管在供水壶中的浸入深度恒定，从而使流量恒定。据测定，秤漏的日误差不大于 1 分钟。由于这个原因，隋朝以后，秤漏基本成为官方的主要计时器，直到北宋正式采纳燕肃莲花漏为止。

图 2-6　秤漏实物

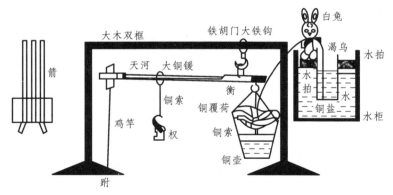

图 2-7　秤漏原理

◎沙　漏

使用水的流动来计时存在某些局限，在某些地方寒冷结冰的时候无法使用，这时就可以用沙漏来代替。其方法是根据流沙所流动的数量计时，这种仪器后被称为"沙钟"。

沙漏也是最古老的计时仪器之一。它是通过沙的增减量来推动齿轮组，使指针在时刻盘转动来计量时间的漏壶，又称"沙壶""沙钟""沙钟计"等。它以沙代水，根据流沙来计量时间，与水时计漏刻在原理上无太大区别。沙漏的出现，克服了用水的计漏刻在严寒季节因水结冰而不能正常工作的缺点。

简单的沙漏一般直接由漏壶装上沙子构成，多用于倒计时。

计时沙漏，一般由漏壶、齿轮组、指针、时刻盘等组成，通过沙推动齿轮组使指针在时刻盘上转动来计量时间。为了让计时更加准确，也采用多级沙漏的办法。

关于多级沙漏的最早记载见于元代。历史上最著名的沙漏是公元 1360 年詹希元发明的五轮沙漏，达到了非常高的水平。后来周述学将其改进为六轮沙漏。但是流沙容易阻塞，使用并不普遍。

 选读资料

漏刻的分类

漏刻在不同时期的名称也有所不同，而且还可根据其材料、结构形制、用途等进行具体分类。

在不同时期，漏壶有着不同的名称，如漏、漏壶、挈壶、刻漏、浮漏、铜壶滴漏等。从材质上可分为玉漏、铜漏、玻璃漏等；从用途上可分为田漏、马上漏刻、行漏等；从结构形制上可分为秤漏、碑漏、几漏、灯漏、盂漏、莲花漏、宫

漏、辊弹漏等。

虽然名称不同，材质、用途都不同，形式也随着年代的推移有所变化，但是其运作原理是基本不变的。

除水漏、沙漏外，我国历史上还出现过火漏，即用有规律的燃烧来计时，如香漏、油灯、蜡烛，给人们的生活也带来了很多便利。

在一些文明古国，如古中国、古埃及、古巴比伦等，都使用过漏壶。古巴比伦一般使用泄水型漏壶，古埃及人两种类型都用，不过受水型漏壶使用较晚，也较罕见。中国历史上用得最多、流传最广的是箭漏。漏壶发明的具体时代目前尚无定论，但由记载可知，在周朝已经有了漏壶。《史记》上曾记载，春秋时期漏壶的使用就已很普遍了。

 选读资料

中国漏壶史及现存文物

我国使用漏刻计时的历史很悠久。据《初学记》引梁《刻漏经》说："刻漏之作，肇于黄帝之时，宜乎夏商之世。"[3]《周礼·夏官》中也谈到设官以管漏刻。铜壶可能继承于陶壶。目前尚没发现秦代及以前的铜壶滴漏。西汉时的漏壶已发现不少，陕西兴平、河北满城、内蒙古伊克昭盟（今鄂尔多斯市 编者注）等地均有发现。

铜壶滴漏有单壶和多壶两种。西汉时期的漏壶均为单壶，在壶内装置有刻度的浮标，也称"漏箭"。随着壶内水的减少，人们可以依据漏箭的刻度计时。西汉之后，各代均用漏壶计时。制作漏壶的工艺也不断得到改进和提高，逐渐出现了多壶。

早期的漏壶现已无存。西汉的漏壶现已发现三只，是分别在河北满城、内蒙古伊克昭盟和陕西兴平发现的。这三只漏壶属于同一类型，都是铜制单只泄水型壶，大小稍有不同。壶的形状是圆筒，下有三足，在接近底部的侧面有小孔，安装滴水管，壶上有提梁，梁中央有长方形的孔，用以扶箭直立。

中国迄今出土最完整而又有纪年的漏壶，壶身刻有"千章铜漏一，重卅二斤，（西汉成帝）河平二年四月造"字样。

现今中国历史博物馆陈列着的四件一套的铜壶滴漏是我国现存完整的水钟计时器。这套铜壶滴漏放置于阶梯式的座架上。最高的一个漏壶为日壶，依次为月壶、星壶、受水壶。漏壶均为桶形，上大下小，附盖。日壶、月壶、星壶的壶身都铸有云纹，日壶上还铸有 21 行铭文，开首为"延祐三年十二月十六日造"，后列有监造官员及办事人员的名字。

"延祐"是元代仁宗爱育黎拔力八达的年号，延祐三年即 1316 年。可见这套铜壶滴漏是元代制造的。日、月、星壶的壶身下部各有一个龙头壶嘴。受水壶则长身，上下方均铸有八卦文。整套铜壶滴漏通高 2.64 米，其中日壶高 75.4 厘米，口径 74 厘米，底径 60 厘米，容量 217 升；月壶高 58.5 厘米，口径 59.5 厘米，底径 53 厘米，容量 117 升；星壶高 55.4 厘米，口径 51 厘米，底径 39 厘米，容量为 63 升；受水壶高 75 厘米，口径 38.5 厘米，底径 31 厘米；容量为 49 升。使用时，首先将水注入日壶，从日壶壶嘴流下的水，依次经月壶、星壶，最后滴入受水壶。

受水壶的盖中央插有一把铜尺，铜尺自下而上刻有子至亥十二时辰。铜尺前置一木制的浮箭，浮箭随着受水壶水位的提高而上升，从浮箭所指便可知时刻。这套铜壶滴漏反映了我国古代科学技术的成就，是一套具有科学价值和历史价值的文物珍品。它原放置于广州城的拱北楼。在古代，许多都城和各大小城市及寺院都建有钟鼓楼，在楼上设有铜壶滴漏计时，依时敲响大型钟鼓，向人们报时，即所谓晨钟暮鼓。1959 年，这套铜壶滴漏作为国家文物珍品，被陈列进中国历史博物馆。

1088 年，已经出现的"水运仪象台"是西方钟表装配的"擒纵机构"的雏形。这是由我国宋代科学家苏颂和韩工廉等人发明制造的天文观测仪器。它是把"浑仪""浑象"和机械计时器组合起来的巨型天文仪器。每到一定的时刻，就会有打钟、报告时刻、指示时辰等。

几千年来，漏刻精确度得以不断提高。中国古人凭借聪敏智慧，使漏刻"发展到登峰造极的地步"。在西汉中期，我国漏刻的计时精确度就高于 14 世纪欧洲的机械钟（当时机械钟日误差最大为 2 小时，最小为 5 ~ 10 分钟，一般为 20 分钟）。东汉以后，我国漏刻的日误差大都在 1 分钟以内，很多只有 20 秒左右，而欧洲直到公元 1715 年，英国人 George Graham 把直进式擒纵机构应用到机械摆钟上，机械钟的精确度才达到日误差几秒的数量级。

16 世纪末，欧洲传教士进入中国，试图传播教义。为了扩大影响，立稳脚跟，他们向中国人介绍欧洲的科技。传教士将欧洲的数学、天文学、地理学、机械技术等传入中国。欧洲钟表技术就是这个时候传入的，从此，欧洲天文学及其仪器技术陆续传入，并直接影响了具有特殊地位的中国皇家天文事业。

◎水运浑象计时器

中国古代还存有机械计时器，但这里的机械计时器不是指西方的机械钟表，而是指具有时间计测功能的天文仪器。以机械装置测时的计时器主要是用水做动力，以驱动机械结构来计时。

我国最早的机械计时器是和天文仪器结合在一起使用的。早在东汉时期，张衡发明的天文仪器"水运浑象"中就安有测时功能的机械装置。

◎漏壶计时的基本原理、本质

漏刻原理：以某种有规律的运动与地球产生的太阳光的变化过程发生某些联系。一壶水（沙）均匀流完的过程，正好与太阳光从明到暗或从暗到明的过程相等。

用燃料的火漏，是用该燃料有规律的燃烧与地球产生的太阳光的变化过程发生某些联系，如香漏、油灯、蜡烛，燃烧的过程正好等于太阳光从明到暗或从暗到明的过程。

有人会说：水（沙）流的过程正需要宇宙中存在的时间；还有正是因为水的运动与存在的时间有关。这里又绕到一个逻辑上去了。这是两个问题：第一，宇宙中是否存在一种时间；第二，水（沙）流动是否与时间有关。对此，后面将讨论，这里只讨论问题的原理和实质。

三、机械计时器的类型、原理、本质

◎机械钟

机械钟即使用擒纵器（escapcment）的钟，不管形式怎么千变万化，只要是受物理周期控制去开启计数系统的机械，就可称之为"擒纵器"。

大唐开元十三年（公元 725 年），在僧一行的指导下，梁令瓒设计制造了中国历史上第一个用擒纵器的时钟。当时没有摆，分割时间的办法是用北魏道士李兰发明的秤漏，即令漏水注入挂在秤上的水斗，用定位的秤砣把握时间。梁令瓒用了水车方案，在转轮外周安一圈水斗，用秤杆端头挑住水轮，漏水注入平正位置那个斗里，水量够了，秤被压翻，转轮就走过一斗，倒出一斗水，秤杆又截住下一个水斗重新注水。转轮又推动计数和声像显示系统，小木偶按刻打鼓，按时敲钟。这种水轮秤漏系统的秤就是"梁氏擒纵器"。

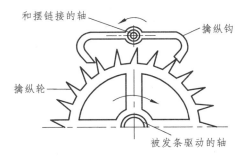

图 2-8　擒纵机构（图片来自中国数字科技馆网站）

13 世纪，人类发明了机械擒纵机。擒纵机内有一个锯形冕状齿轮，它开始转动时，就放松了上面的掣子并转动平衡轴杆，直至下面掣子啮合了锯形状齿轮，并且随时止住它。当下面的掣子同冕状齿轮正好相反的末端（即上面的掣子和冕状齿轮合处）啮合时，齿由于齿轮的相对运动，掣子便处于相反的方向。于是，平衡轴杆开始以相反的方向旋转，冕状齿轮便转动了，直至被上面的掣子再次卡住为止。这样，"停止—启动"的摆动就完成了。

据史料记载，世界上最古老的机械钟在 1290 年前后制作完成，当时只在意大利和英国的修道院出现并使用，并没完全和人们的日常生活相联系。[4]该钟用于修道院道士的日常宗教活动，这说明时间在宗教活动中的重要性。人们需要通过在特定的时间进行一定的活动，并且对时间的需求慢慢增多。但这时的机械钟是不能显示时间的，只能通过人敲钟报时。

1335年，公共时钟出现。它体积相当庞大，拥有复杂的构造、大而重的驱动系统，不能在家庭中使用。[4]

那时，中西方的宗教活动都采用钟来报时。虽然中国的公共报时早于西方国家，但中国宗教活动时钟的使用是通过人工敲打实现报时功能；而西方国家是机械操作且集报时和计时于一体，不需要人的参与。

此后，欧洲机械钟得到了快速发展。对钟面更进一步的设计——安装分针和秒针，使机械钟的时间能更精确显示，钟面和指针的设计一直延续到今天。

1350年，第一座机械闹钟出现在德国。

15世纪中期，铁制发条的发明及应用使机械钟动力来源小型化，新的动力代替了原本造型既笨重又占空间的动力来源，笨重的重锤被替换，机械钟的体积向小型化发展，并成为小巧精致的工具。

◎摆 钟

简单形式的擒纵机的主要缺点在于它的摆动完全是由冕状齿轮的齿冲击掣子而产生的，但这并不能导致平衡轮杆的均匀摆动。

时钟结构的一项重大发展就是采用了钟摆。这个原理是伽利略（Galileo Galilei）于1581年首先发现的。伽利略发现单摆的摆动周期与振幅无关，这是时钟历史上的一大进步。

摆的周期运动的发现，无论是对早期的"摆钟"，还是对现代的机械钟都有着极其重要的意义。

钟摆仅仅包括一个物体或一根轻棒末端附有一个摆锤，轻棒的上端悬挂在一个支柱上。这样，在重力的影响下，棒与摆锤便自由地摆动。伽利略注意到这样的钟摆只要不太大，其摆动的次数是完全不受影响的。摆动着的钟摆在 150 至 500 之间时，摆动的周期几乎完全相同。钟摆摆动的周期随着摆的长度而变化，可以用摆长来定义时间。钟摆来回摆动一次的时间正好为一秒。

伽利略 17 岁那年，他在比萨教堂里做礼拜时，看到了教堂里挂灯的摆动情景。他用自己的脉搏来测定时间，并注意到挂灯摆动的时间是不变的。于是，他写下了下面的一段话："我已数千次观察过摆动，特别是观察教堂里用绳挂着的灯的偶然摆动情况……但我从未想到要了解每次摆动的时间都是相等的。"[5]

伽利略发现了摆动的钟摆有规律地记录时间单位，即摆动周期，并发现如果摆动逐渐消失，其周期仍然不受影响。伽利略抓住这个现象不放，反复研究和实验，最后终于得出了一个结论，即伽利略单摆定律：摆的快慢与摆锤的大小和重量无关，主要取决于摆长。

根据这一观察，许多类型的摆钟都是依据摆的原理而发展的，而且只需要微小的能量，就能使钟摆不停地摆动。这种摆钟比先前的各种类型的摆钟更为精确。

随后，惠更斯（Christiaan Huygens，1629—1695 年，荷兰天文学家、数学家）首先运用钟摆来控制擒纵机的摆动。1656 年，惠更斯制作了第一座自摆钟。从此，时钟误差可以用秒来计算。惠更斯次年又发明了"游丝"，这样就形成了以游丝作为装置的调速机构，为制造便于携带的怀表提供了有利的技术条件。怀表的发明既满足了人们佩戴的需要，又为生活、工作提供了方便。

在惠更斯制造的摆钟里，单摆的摆动不需要其他装置驱动，而主要靠重力驱动。这样就可以大大提高时钟的精确度。当然，摆钟里的摆杆是金属制品，它的热胀冷缩将影响摆的周期。由实验知道，100 米长的不锈钢金属杆，在温度变化 5.6 ℃时，其长度的变化会使一天的时间减慢或加快 2.5 秒钟。不同的金属还有不同的膨胀系数。随着这些问题的发现和逐步解决，大约在 17 世纪摆钟就已经相当完善了。它在一个星期里的计时误差只有几秒钟。摆钟开辟了精确计时的新时代。

而锚状擒纵机则是在摆钟出现的 50 年后，由克莱门特（W.Clemcrtt）发明的。后来人们采用了一些改进方法：以转动弹簧来代替钟锤，用平衡弹簧来代替钟摆，以及用改变温度作为补偿的方法。

◎**扭摆钟**

扭摆钟具有很长的振动周期（几秒至几十秒），走时延续时间很长，上一次弦可走时 400 天以上，故又称"400天钟"。

扭摆钟是机械钟。在现代石英钟内，也有采用吊簧扭摆的，但不是作为时间振动系统的一部分，而是纯粹作为装饰用的。这种扭摆的摆动是通过机芯周期性给吊簧补充能量来完成的。此外，扭转摆也不单独组成一套振动系统，它能维持一定频率地来回摆动，以起到装饰作用，而与走时毫无联系。

到 1762 年，最好的机械表已经能够达到每三天才差 1 秒钟的精度。

1780 年起，一种表盘被加上了分针的表被广泛使用。18 世纪，各种各样的擒纵机出现后，秒针得以出现。事实上，早在 1519 年，瑞士人 Jost burgi 就掌握了分针和秒针的显示技术。但他太超前于时代，直到一个半世纪以后，这种精确性才得到了保证。

18 世纪，人们为计时准确进行了大量研究，用于航海时测量经度和方向。作为海上强国的英国、西班牙、法国和荷兰等国家，特别重视对钟表制造的研究，并拿出了巨额奖金来激励钟表制造专家们开展研究工作。

手表最初的雏形来自首饰。西方社会生活节奏的加快，需要计时工具更具方便性，有些钟表厂家便开始生产手表。

◎手 表

19 世纪后半叶，制表工匠将怀表作为装饰安在部分女性的手镯上。这时大众也只是把它作为首饰，这是手表的最早雏形。

1902 年，经过人们的不断努力，第一只机械手表问世了。人类的计时工具向小型化方面迈出了决定性的一步。打开手表的后盖，我们一下就能看到里面有一个带有像头发丝一样细的盘状小弹簧的轮子，它不停地有节律地摆动着，这正是手表的心脏——游丝摆轮系统，称它为手表的心脏，是因为手表的走时精度主要由它来决定，它也是一种具有等时性的机械摆。在摆轮附近，还可以看到一个齿轮和一个像小叉子一样的零件，叉尖在齿轮的齿槽里一边滑出来，一边送进去，这就是根据早期机械钟的擒纵杆原理制成的擒纵叉。擒纵叉把齿轮传来的动力忽左忽右地传递给摆轮，使摆轮向左或向右摆动一个角度。此时，固定在摆轮上的游丝就会卷紧或放松，产生一个与摆动方向相反的弹力，使摆回转一定的角度。就这样，摆轮在外力和弹力的交替作用下不停地摆动起来。游丝摆轮、齿轮、擒纵叉这一套系统被称为"擒纵调速系统"。

对于走时误差，通常机械表允许在每日 30 秒左右。

直到 20 世纪，手表的地位才真正确立，原因是钟表制造业的发展及手表工艺水平的提高。当手表刚刚出现在市面上时，追求美丽、时髦的女性纷纷开始佩戴手表。手表的表带与表盘相加，怀表的表链被表带代替，起到固定的作用。20 世纪，部分特殊领域对于时间精确度的需求变得更加紧迫。

20 世纪，新技术不断被应用到手表中，例如增加了更为实用的日期显示、南北指向等功能。

大约在 20 世纪 70 年代中期以前，瑞士的机械表发展迅速，占有大部分机械钟表市场。

◎机械、电子计时器的原理、本质

机械、电子计时器都以机械和电子有规律的运动与地球围绕太阳运转产生的光的变化过程发生某些联系。与漏刻的计时原理完全一样，只不过这些机械的运动比漏刻的运动更加有规律和准确。

　　制作这些钟表时，是以地球围绕太阳运转产生的昼夜变化过程为标准。反过来，钟表是否准确，也是以地球围绕太阳运转产生的昼夜变化过程来衡量的，最终必须与地球围绕太阳运转产生的昼夜变化过程产生联系。

　　注释：

　　1. 陈戍国. 周礼 [M]. 点校. 长沙：岳麓书社，1989.

　　2. 莫秀秀. 中国古代计时器设计研究 [D]. 济南：山东大学，2009.

　　3. 苗兴. 古代计时"水钟"——铜壶滴漏 [J]. 金属世界，1994（6）.

　　4. 孙翔雨. 计时工具的演进发展及设计研究 [D]. 南昌：南昌大学，2013.

　　5. 埃尔顿（L. R. B. Elton），梅塞尔（H. Messei）. 时间的测定 [J]. 现代外国哲学社会科学文摘，1992（5）.

第三章　人类时间观形成的目的、宗旨和原因

前面讨论了计时器的原理，明白了这些计时器记录的时间的本质是地球围绕太阳运转产生的昼夜变化过程。反过来，衡量计时器是否准确，又以地球围绕太阳运转产生的昼夜变化过程为标准，最终必须与这种变化过程产生关系。

这些计时器是如何为人类使用的呢？人们又是如何制造这些计时器并根据计时器来安排行动的呢？人类的时间观是如何形成的呢？

一、安排个人行动

人类对地球围绕太阳运转产生的光线的强弱、明暗变化现象和过程以及地球公转与自转产生的四季交替等自然现象反应强烈，并且想办法记录它们，是因为要根据它们的变化安排个人行动或从事农业生产。这是诞生时间最初的目的及宗旨。

作为个人，当太阳光强的时候，利用太阳光晒东西；当太阳光明亮的时候，出去从事某项活动；当暗的时候就回家休息；利用自然的四季轮回安排农业生产。

当人类的生产力还比较低下时，人口、货物的流动和文化传播能力较弱，彼此难以建立较为密切的交流。各个时间体系的应用范围也相应局限在各个社会或文化共同体的边界内。

二、群聚活动的需要

当人类群聚活动之后，如果没有标准，只用大概的太阳光的强弱来描述，比如约定太阳落下山的时候大家一起聚会讨论事情。这种约定就显得非常笼统，不方便群聚活动。人类希望用更好的办法来找到记录太阳光强弱变化的过程。于是就发明了一些工具，让大家尽量以此为参照，后来就逐渐成为标准。国家产生后，就强制规定以此为标准，让人们来安排行动。

 专题研究

中国农村没有钟、表等计时器如何进行群体活动

钟、表等计时器在中国农村普及是在 20 世纪 80 年代以后。其实在 20 世纪 70 年代以前，钟、表等计时器在我国还是奢侈品。

特别是在偏远的农村，整个村子里没有一只钟或表不是什么奇怪的事。当然，作为计时的漏刻之类，在科学不发达的古代也是极端奢侈品，只有皇宫贵族、达官显人手里有。即使作为公共设施，也是在极其繁华的城市才有。在偏远的农村，那里的人们则从未见过此种设备。

我们的生产队（中国六七十年代称为生产队），在没有

计时器的时期如何从事集体劳动呢？

没有计时器的时期，一个群体要从事群体活动，确实有很多不便，比如何时出工、收工？要开群众大会，在何时召开？如何把这种信息传递给大家？

那个时代没有准确的时间观念，基本是"日出而作，日落而息"。集体活动是生产队长决定后，用敲锣的方式召集大家行动。

直到后来公社给每个生产队安装了有线广播，这样才有了时间标准。

缺乏时间概念和规则，人类的生活就缺少秩序，社会交往难以进行。对人类社会来说，时间就是协调人们相互关系的工具。有了共同遵守的时间规则，即使是涉及面广泛而复杂的社会活动，也能有序展开，人类的时间本质上是社会文化时间。[1]

三、国家政权的需要及与人交往的需求

这二者都需要统一的时间。只不过二者的表现不一样：前者是强制，后者是需求。[1]

随着社会生活的日益丰富，尤其是国家组织形式以及各种宗教活动的复杂繁琐，人们对时间的需求也日益强烈。

中国历代统治者出于巩固其统治地位的需要，都对计时工作相当重视，这大大促进了计时器的发展。以漏刻为例，自秦汉以后，朝廷中设有三套班子分管漏刻计时工作，分别属于天文机构、皇宫和皇太子。

唐朝的天文计时管理机构最为庞大，乾元年间专职从事计时工作的人员竟然接近 700 人，包括挈壶正 2 人，司辰 70 人，漏刻典事 22 人，漏刻博士 9 人，漏刻生 360 人，典钟 112 人，典鼓 88 人，楷书手 2 人，亭长 4 人，掌固 4 人。[2]

　　此外，历朝历代除在京城设置鼓楼、钟楼报时外，在州、郡、府、县治所在地也都设有报时系统。庞大的计时机构，从一个侧面反映出中国古代计时工作的重要地位。从一定意义上来说，计时机构的不断发展，大大推动了计时器的研制工作，促使计时器在计时技术以及计时器类型上不断更新。

　　实行统一的时间并共同遵守是进行社会活动的基本前提，也是各种社会活动顺利进行的保障。中国是一个礼仪之邦，历代统治者非常讲究"礼治"，各朝代都有一系列的礼仪制度，而这些礼仪必须严格按照既定时间举行。因此，只有在统一的时间标准下，各种社会活动才能有条不紊地进行，这就要求有精确的计时器以及统一的计时标准。

　　历史上任何一种时间体系都有其适用的限度，这在古代世界各国分散、孤立发展的时代尤为明显。

四、世界交往的需要：建立世界统一的时间标准

　　历史上的中东、东亚、南亚、美洲等文明都创造了各自的时间体系，其适用范围与这些文明的空间存在范围大体一致。当然，这也意味着一旦人类文明分散发展的局面被打破，那么来自不同文化背景的人群想要顺利交往就需

要有一系列相适应的时间规则和标准；否则会给生活和交往带来非常多的麻烦或不便。

随着全球化的发展，世界各国交往更加密切、广泛。人们的交往更加频繁，海上运输更加繁忙。而铁路的开通和路网的迅速扩展，使人类历史进入贸易交往、大众旅行的时代。但无论是海上航行，还是铁路交通，由于时间不统一，人们在享受更快捷、更远距离的旅行的同时，也饱受了时间混乱所带来的不便，甚至可能导致危险状况的发生。

1884 年，华盛顿国际子午线大会确立了世界统一的时间标准——格林尼治时间（后面将详细讨论），从而让全世界的时间得以统一。

在航海中，本初子午线是航船定位、定向和计算时间的依据。自大航海时代以来，各国航海人任选了自己心中的本初子午线。据统计，在 1884 年华盛顿国际子午线大会之前，光是欧洲人在地形图上标注的本初子午线就多达 14 条。这就是说，每一艘位于海洋某处的船只，至少可以依据 14 条本初子午线来表述它们的方位，给相互沟通造成了极大的混乱。有时，这种混乱还隐藏着危险。1912 年 4 月 15 日，泰坦尼克号撞上冰山沉没，这是世人皆知的海难。这一事件也给了人们一个警示，就是经度和时间计算标准应该尽快统一。其实，在那个时候，世界上大多数国家早已接受以经过英国格林尼治天文台的经线为零度经线，但法国不愿接受，坚持以巴黎天文台所在的经线为本初子午线。在泰坦尼克号沉没的前两天，曾收到一封发自一艘法国轮船的无线电报，这份电报通报了浓雾和冰山的位置，使用了两个标准：在注明时间时，电报用了格林尼治时间；

在说明浓雾和冰山的位置时，电报是以巴黎的经线为依据。这给换算成统一的时空数据带来一定的麻烦。虽说泰坦尼克号不是因为时间标准的混乱而撞上冰山沉没，但这种混乱所隐藏的危险则因此次灾难而为世人所警觉。

与航海相比，陆上的时间标准更加复杂。地域越是辽阔，地方时间就越多。在使用传统交通工具旅行的年代，人们一天也走不了多远，时差不成问题。但现代化交通工具可以快速穿越东西，时差问题凸现。例如在美国和加拿大，火车行进在横贯东西的大铁路上需要不断调整时间。在1870年之前，从华盛顿旅行到旧金山，如果沿途所到的每个城市都要对表的话，得对20多次表。到1870年，美国仍有多达80种铁路时间。欧洲国家众多，时间体系更加复杂。例如，使用各自时间标准的法国和德国的列车，在使用当地时间的瑞士巴塞尔交汇，就会出现了三种不同的时间体系。铁路工作人员或许还能分清三者的差别，但对一名旅行者来说，就很混乱了。[1]

总之，自大航海时代以来，全球层面的时间问题就摆在人们的面前。到19世纪后期，时间标准的混乱更是影响到了普通人的日常生活。

现代人类文明要求有一套世界统一的时间体系。交通工具的发达带来的各种贸易交往，也使制定这样的时间具有了紧迫性和必要性。

事实上，人类在遭受时间混乱所带来的麻烦的同时，也一直在交往实践中致力于建立可共享的时间体系，那就是全球层面上的时间趋同。

注释：

1. 俞金尧. 时间的历史 [N]. 人民政协报，2015-11-9（11）.

2. 陈望衡. 科技美学原理 [M]. 上海：上海科学技术出版社，1992.

第四章　世界标准时间的建立、原理和本质

一、时间形成的分界线：世界标准时间的确立

◎世界标准时间：格林尼治时间（Greenwich Mean Time —GMT）的来源

当今社会，我们每天要使用、接触计时工具：手表、钟、手机和电脑上的时间显示设置，然后以此为标准进行行动：乘飞机、坐汽车、上课、上下班。人的生活处处与时间打交道，受到时间的影响。这个时间标准其实就是格林尼治时间。

上一节我们讨论了由于交通工具的发达带来的各种贸易交往，全世界要求制定一套世界统一的时间体系的紧迫性和必要性。

世界上有无数的钟和表。怎样使成千上万的钟表在同一地区走时一致，或者在全球能保持相对稳定的偏差呢？国际计量局就要有一个"标准时间"，让全世界各国的钟表都能随时随地、直接或间接地与标准时间对应。

　　这个时间就是以格林尼治时间为依据的。格林尼治时间是怎样得到的呢？它的计时方法、原理、本质是什么呢？

　　这里面要用到非常专业的天文学知识。但我们尽量用浅显的表达让更多人能明白时间的本质，而一些专业知识我们放到选读资料里面。

　　前面几章已经详细讨论人们从古到今都是根据地球围绕太阳运转产生的光线强弱、明暗变化过程来计时的。人们计时的目的，也是为了更好地、更准确地反映这种变化过程。但对这种变化过程由于没有统一的标准，所以各自所得的时间就不一样。因为，太阳照射到各地方的变化过程本来就不一样，这个地方已经天黑了，而另外的地方太阳才照射过去。比如，太阳照射到何处为 0 点？因为地球、太阳是先于人类存在的，地球究竟是从何地开始接受太阳光的照射这是无法知晓的。相应地，把太阳光照射到地球哪里作为起点——0 时，只有人类达成协议作为一种规定了。

　　在一段时期，人们把太阳处于当天最高点的时候定为一天的正中，并把这一时刻称之为中午，人为规定太阳光处于这种状况下为 12 点，并在计时器上表示为 12，或把计时器校正为 12。然而，假如在某个地方是中午时，在地球与其相对的地方将是半夜，太阳光远离了那个地方，而在其他各个地方太阳光照射的状况都不一样。显然，在地球表面各个不同的地方，时针表示的实际时间也是各不相同的。

　　因此，全世界必须要有统一的计时标准才行，然后再以此标准制造出与此相应的计时仪器——钟表等。

选读资料

世界标准时间建立的背景

19 世纪 40 年代以前，尽管西方国家有准确的钟表，但依然没有所谓的"标准化"时间系统。从 19 世纪起，诸多通讯与交通工具的发明及应用，尤其是电报、电话以及铁路的问世，则是产生"标准化时间"的触媒。但纷繁芜杂的地区时间成为棘手的沟通障碍，人们总是处于生活在不同时间的困惑中。诸多具有先见之明的人士也已广泛参与到标准时间问题的讨论中。建立一套全世界统一的计时系统成为当务之急。几次重大的国际性会议明确把标准时间列为主要议题，虽没有取得最终结论或者权威性的国际协定，但为 1884 年 10 月 1 日在美国华盛顿哥伦比亚特区召开的国际子午线会议提供了条件。

1871 年，在比利时安特卫普（Antwerp）召开的第一届国际地理学大会（The First International Geo-graphical Congress，IGC）上通过了一项决议，即未来世界各国出版的海图，应以格林尼治为 0°经度。可是在那个时候，还没有计划要把经度的确立和时区制度统一起来，因此，建立全球标准时区制度的想法在当时的天文学界并未得到广泛支持。直到 1883 年在罗马召开的第七届国际大地测量会议（The Seventh International Geodesic Conference），以经度作为划分时区的单位和以格林尼治作为 0°经度的构想，才正式获得国际学术界的认可。与会的学者都意识到，建立一个全球统一的经度和时间系统，不只是基于科学或者航海的需要，更是商业活动和国际交通不可或缺的基本要素。罗马会议还特别指明需要召开一次专门会议，具体讨论统一标准时间的重大问题。

◎ **本初子午线的确定**

1884 年 10 月 13 日，来自 25 个国家的天文学家在美国首都华盛顿开会，就使用统一的国际标准时间和统一的子午线问题作出决议：会议向与会国政府建议，将通过格林尼治天文台子午仪中心的子午线规定为经度的本初子午线（the prime/first meridian）。

决议将格林尼治时间作为世界标准时间。当时仅有两个国家反对，法国对小小的格林尼治击败巴黎夺得此殊荣感到恼火，投了弃权票。直到 1978 年，法国才正式采用格林尼治时间。

格林尼治时间又叫"世界标准时间"。

规定正午是指当太阳横穿格林尼治子午线时（也就是在格林尼治上空最高点）。

本初子午线，即 0°经线。

选读资料

本初子午线

先谈什么是子午线。

子午线也叫经线（meridian），是在地面上连接两极的南北方向的线。经线和垂直于它的纬线（parapet）构成地球上的坐标，即经纬网。地球上任何一个位置都可以用一条经线和一条纬线的交叉点来表示。所有的经线长度都相等。开始计算经度的一条经线 0°经线叫"本初子午线"。本初子午线以东为东经，以西为西经。全球经度测量均以本初子午线与赤道的交点作为经度原点。

17 世纪时，航海家们已经确定了纬线，但未能制定经线，

这样就无法参照经纬线绘制航海图，致使水手们无法确知船在海上的位置，造成许多船只丢失，无数人员丧生。因此，英王查理二世（Charles Ⅱ）在 1675 年亲自择址在格林尼治的山巅上修建了皇家天文台，并任命约翰·弗拉姆斯蒂德（John Flamsteed）为第一任台长。弗拉姆斯蒂德用他自制的一架天文望远镜对星空夜复一夜地进行了两万次观测，最后在贫困中死去。埃德蒙·哈利（Edmund Halley）继承了他的事业，用了近 20 年时间，对中天月亮进行了 1500 多次观测，发现了月球与其他星球运行交叉点的变化周期等情况。

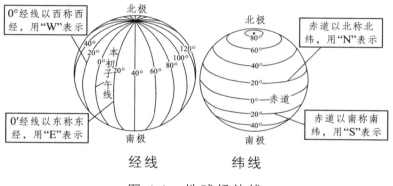

图 4-1　地球经纬线

经过长期的观测研究，天文学家们逐渐摸清了主要天体的准确位置和运行规律，为测定航船坐标创造了条件。格林尼治天文台的天文学家们还长期使用钟表来测定航船的经度。1764 年，约翰·哈里森（Jhon Harisron）终于成功研制出了航海天文钟。至此，测定经度这个难题终于得到了解决。该天文钟现陈列在格林尼治海洋博物馆里。

虽然格林尼治天文台曾是世界上历史最悠久、最先进的天文台，但使它真正扬名世界的还是本初子午线和格林尼治标准时间。

在格林尼治天文台的本初子午线是一条嵌在大理石中

间的铜线，铜线的两边分别标着"东经"和"西经"几个字。国际标准时间就是把子午线 0°定为 0 时，根据世界各大城市所处的经度的多少，就可知道当地时间与格林尼治标准时间的地区时差。地球划分为 360°、24 个时区，每隔 15°相差一小时。

于是，通过格林尼治天文台的经线被世界公认为本初子午线，作为计算地理经度的起点和世界"时区"的起点，格林尼治时间开始作为世界标准时间。

 选读资料

国际子午线会议（Interactional Meridian Conference）有关决议

1884 年 10 月 13 日，在华盛顿召开的国际子午线会议上，与会专家一致同意采用时区制度，最后通过决议，以经过格林尼治的经线为本初子午线，作为计算地理经度的起点，也是世界"时区"的起点，向东为东经，向西为西经，各 180°；每 15°为一个时区，相差 1 小时，将全球按经线等分成 24 个时区。会议还决定在 180°经线附近设置一条假设的"国际日期变更线"，以避免地球各处因不能在同一时刻看到日出而引起日期紊乱。这次会议确定了格林尼治时间为世界标准时间。

这次会议投票表决了几个决议。其中：

决议 5：世界日是平太阳日，对全世界通用。它的开始在本初子午线的平均午夜时刻，和该子午线的昼夜和日期的开始是一致的；它的计算是从 0 时到 24 时。

该决议的关键只在一个问题上，即世界日开始于本初子午线的午夜。这完全颠覆了罗马会议的提议，在当时讨论的

结果是本初子午线的正午。虽然天文学家喜欢一天从正午开始，但这一决议最符合全世界电报系统经营者的利益，因为他们就是从午夜开始计算一天的时间的。世界日的计算在 0—24 以内，放弃了先前"a.m."和"p.m."的双 12 计时法。该提议以 15 票赞成、2 票反对、7 票弃权的投票结果，最终被通过。

决议 6：会议希望决议通过之后，在任何一个地方，天文日和航海日的起始点均在平均午夜。

会议期间关于天文日的讨论是非常活跃的。这一决议规定了天文日和航海日的开始统一在格林尼治的午夜，消除了它们原来与民用日（昼夜）的差别。专业日期与人们日常日期的统一更有利于日期的计算。[1]

格林尼治天文台大门外的砖墙上镶着一个大钟，它是1851 年安装的，这就是国际标准时间创始的地方。该钟周围用罗马数字表示 24 小时。世界各国都以此为准校正本国时间。全世界的人们也都以此为标准来安排行动。

图 4-2　格林尼治国际标准时间钟

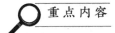

重点内容

格林尼治标准钟、钟表制造商以及与每个人的关系

各地人民以什么标准来作为计时器的标准？计时器的生产商以什么作为标准来生产计时器？个人以什么标准来核准自己的计时器是否准确？

格林尼治标准时间确立后经历了以下过程：

全世界的计时器生产厂商生产计时器→以哪一台计时器为标准进行生产→以格林尼治的标准钟为准→格林尼治的标准钟的时间如何得来→以前面所探讨的方法制定一个准确的标准钟。这个钟用了很多科学手段所得，总的理论和方法就是前面探讨的方法。然后又用科学的方法制造出一个钟，使它的运动与这个标准相符。

个人核对计时器是否准确→以自己国家的计时中心的报时器为标准→各个国家的报时中心以格林尼治的标准钟为准（格林尼治标准钟得来的过程如前述）。

这个计时系统能够满足全世界人们生活的基本需要，所有人以此为标准安排行动、活动、工作、生活。另外，作为国家、群体、组织，这个标准也带有强制性。

选读资料

格林尼治时间内容

时区的划分

世界标准时区的划分：

中时区以东、以西各 15°划为东一区、西一区，以此类推。东西十二区两个半时区，都以 180°为中央经线，合为一

个时区，该时区小时相同，日期不同。

（1）以 15°划分为一个时区，全球划分为 24 个时区。

（2）其划分方法是：以通过 0°经线的地方时为标准，最东、最西迟早各差半小时，向东、向西各 7.5°划为中时区（或 0 时区）。

（3）以中时区为起点，向东、西方向各划分 12 个时区。180°经线是东、西十二时区共同的中央经线。

注意：中时区、东西十二区的特殊性。

（4）区时：每个时区都以其中央经线的地方时作为该区的区时。

中央经线 = 时区数 × 15°

例如，东八区的中央经线是 120°E；西五区的中央经线是 75°W

区时计算：

求所在地的时区；求时区差。

东加西减：

若所求时区在已知时区的东面，加上时区差；

若所求时区在已知时区的西面，减去时区差。

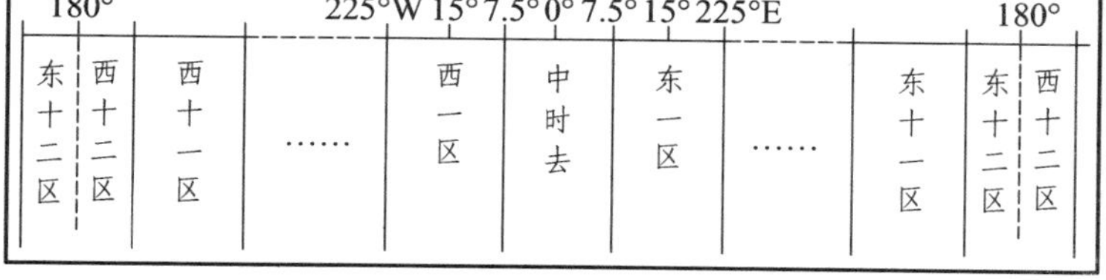

180°		225°W 15°7.5°0° 7.5°15° 225°E						180°	
东十二区	西十二区	西十一区	……	西一区	中时去	东一区	……	东十一区	东十二区 西十二区

图 4-3 时区简易图

地方时与区时：

因经度不同而出现不同的时刻，称为地方时。因此，不同经线上具有不同的地方时。

随地球自转，一天中太阳东升西落，太阳经过某地天空的最高点时为此地的地方时 12 点。

正午太阳高度是正午时太阳光线与地面的夹角，是一日内最大的太阳高度。

经度相同的地方，地方时相同；经度不同的地方，地方时不同。

南、北极点不计地方时；东早西迟；经度每隔 15°，地方时相差 1 小时；经度每隔 1°，地方时相差 4 分钟。

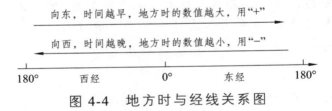

图 4-4　地方时与经线关系图

地方时计算技巧：已知某一点时刻，求另一点时刻时可用数轴法。具体方法如下：把某一条纬线变形为一个数轴，0°为原点，东经度为正值，西经度为负值。把 A（已知时间、地点）、B（未知时间、地点）落实在数轴上。无论 A、B 实际方向关系如何，在数轴上，若 B 在 A 东，由 A 求 B 就要加；若 B 在 A 西，由 A 求 B 就要减。

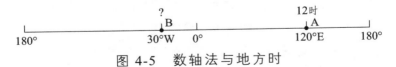

图 4-5　数轴法与地方时

晨昏线的特点及应用：

晨昏线又叫做晨昏圈，其中半个圆圈代表晨线，半个圆圈代表昏线。

1. 晨昏线（圈）的特点

（1）晨昏圈是一个大圆，将地球平分成昼半球和夜半球两部分。

（2）晨昏线上各地，太阳高度为 0°；昼半球太阳高度 > 0°，夜半球太阳高度 < 0°。

（3）晨昏圈所在平面始终与太阳光线垂直。

晨昏线和极昼圈（极夜圈）的切点的纬度与太阳直射点的纬度之和等于 90°（如图 4-6 中 α + θ = β + θ = 90°）。晨昏线和极昼圈的切点（如图 4-6 中 C）地方时为 24 时（0 时）；晨昏线和极夜圈的切点（如图 4-6 中 D）地方时为 12 时。

晨昏线（圈）在春秋分时与经线圈重合，二至时与极圈相切。

晨昏线以 15°/小时的速度自东向西移动。

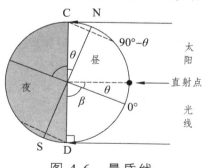

图 4-6　晨昏线

2. 晨昏线的应用

图 4-6 中，确定地球的自转方向，若 AB 为昏线，则地

球呈逆时针方向自转；若 BC 为昏线，则地球呈顺时针方向自转。

国际日期变更线（日界线）：

日界线有下列意义：

（1）地球自转一周为一天，而一天与另一天的界线是没有的，大致以 180°经线为界。

（2）日界线是一天的起点，另一天的终点，也是地球上最东和最西的界线。

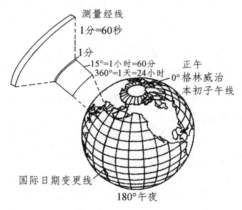

图 4-7　日界线

（3）过日界线后日期的改变是西加东减，例如由西向东过日界线，日期减少一天；由东向西过日界线，日期增加一天。日期的增减，是当天子夜零时改变的。

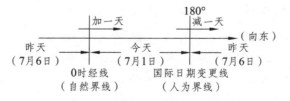

图 4-8　日界线与日期计算

在标准时区中，东十二区比中时区早 12 时，西十二区比中时区迟 12 时。东十二区比西十二区早 24 时，二者一线之隔，相差一天。

注意：东十二区比中时区早 12 时，西十二区比中时区迟 12 时，其中的早、迟也是人为规定的；也可以反方向规定：东十二区比中时区迟 12 时，西十二区比中时区早 12 时。因为，地球围绕太阳公转与自转，究竟是从哪个点开始，然后循环转圈形成太阳光的照射到地球产生光线变化过程，这个起点是无法知晓的，所以太阳光照射到地球上各个地方的早与迟，也是一种人为规定，即以格林尼治天文台的时间为起点来判断早与迟。

国际日期变更线一个应用案例

假定在某个星期六格林尼治早上 3 点钟时，我们就可以算出地球上其他地方的时间。当我们向东走，最后到达格林尼治经度 180°的地方时，将提前 12 小时，即是下午 3 点。当我们从格林尼治往西走，时间将推后。当我们在子午线以西 180°时，将是星期五的下午 3 点钟。这样，如果我们从格林尼治时间向东旅行，便能在星期天下午 3 点钟抵达子午线 180°某一特定地点。如果我们从格林尼治向西旅行，将于星期五下午 3 点钟抵达这一地点。时间是相同的，但日期却不同。距格林尼治 180°与地球正好相反的子午线被称之为国际日期变更线。如果飞机或船只向东通过这条线，日期就会向后推一天，例如从星期天推后到星期六，或从星期五推后到星期四；另一方面，如果飞机或船只向西方旅行，通过这条国际日期变更线时，日期便将会提前一天。

这种情况给旅行者带来了很有趣的结果，以致他能够过 2 个生日。如果在星期六早上 3 点钟向东旅行通过国际日期变更线，时间立刻变成星期五早上 3 点钟，这样他又过了一个星期五；另一方面，旅行者从另一方向通过国际日期变更线，他将发现星期五早上 3 点钟会突然变成星期六早上 3 点钟，这样他显然失去了几乎整个星期五。

国际规定，以穿过太平洋中岛少人稀的 180°经线为国际日期变更线。为了不把一个国家或地区划在两天，在西伯利亚的楚科奇半岛向东弯，阿留申群岛向西弯，埃利斯群岛到新西兰以南向东弯，这样就保证了一个国家或地区的时间在同一天内。

世界标准时间（区时）换算的原则

（1）任何相邻时区的时差，都相差 1 小时整。东边（实为同纬度）比西边早，但相邻的东十二区比西十二区早 24 小时。

（2）不相邻的两时区的时差，决定于时区差。

（3）日常一天 24 小时，分上下午各 12 小时。标准时一天是连续的 24 小时，即 0，1，2……23 小时。24 和 0 是一个小时，对新的一天是 0 时，对当天是 24 时。

（4）标准时运算是逆时针向，即自西向东。

（5）由某地（如北京）换算其他地方的时间，都是东加西减。东区是大减小，西区是小减大，跨东西区的则是时区距离相加。跨日界线的日期增减是东减西加。

（6）由一地换算另一地的得数：小于 24 的正数，是同天的小时数；负数用 24 减，日期减一天；大于 24 的减去 24；日期加一天；不论正负数，减 24 后即为顺序小时数。

世界标准时间换算的方法

换算任意两地标准时的方法有六种。

1. 图解法

在计算时，根据换算原则可直接数得，见世界时区图（图4-9）。

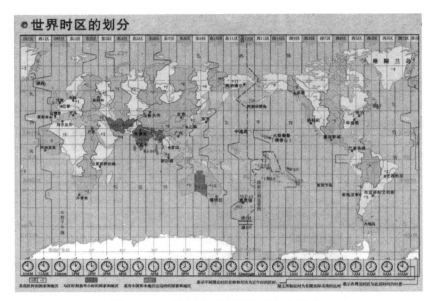

图 4-9 世界各时区时间对照表

2．数轴法

用数轴形式，中时区伦敦是原点，原点以东为正数，以西为负数。如北京在东八区为正 8，纽约在西五区为负 5。

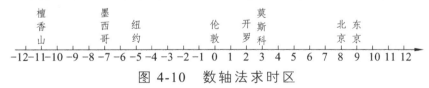

图 4-10 数轴法求时区

根据换算原则：甲乙两地时间差，算出两地的时区差。两地的时间，以 XA、XB 分别表示两地的时区，可得：
A-B=XA-XB

3．公式法

未知时间=已知时间±时区距离×1 小时

例：已知北京为星期二 12 时，求东京和华盛顿各是何时？

解：按题意先查各地的时区：北京东八区，东京东九区，华盛顿西五区，按公式计算

东京时间 =（12+1）×1……星期二 13 时

华盛顿时间 =[12-（8+5）]×1=1

24-1 = 23……星期一 23 时

时区的求法：不给时区只给经度，求法：经度数÷15=时区数。有小数则四舍五入，整数为时区数。也可用：（经度 -7.5）÷15 = 时区数。商数如代小数进位加整数为时区数。

4．圆盘法

把标准时放在圆盘上，用两盘转动算标准时的方法叫圆盘法。其制作和用法如下：

计算盘的制作原理：计算盘由时间和时区盘两部分组成，时间盘是根据地球自转、阳光在地面移动形成昼夜更替的原理制成；时区盘是根据地球自转因经度不同形成时间差的原理制成的。

圆盘的用法：以北京时间 12 时为准，计算东京、华盛顿各是几时？将时间盘的 12 时和时区盘的东八区对准，就可看出两地的时间。同样以任何地方为准，所对应的时间可一目了然。

5．查表法

见世界各时区的时间对照表（图 4-9）。

查法举例：已知北京为 12 时，查东京、纽约各几时？在表中东八区横栏的 12 处，直栏横对的该地，就是它们的时间。根据某地经度数，还可查出时区数来。

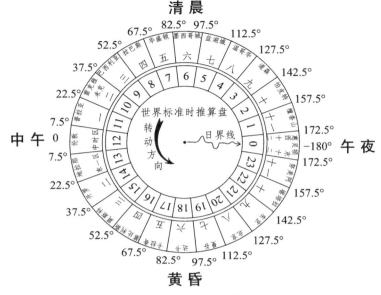

图 4-11　圆盘法求时区

6. 读图算时间

这是将计算标准时与日照和经纬网联系起来的方法。

（1）按经线 15°为 1 小时，以阳光直射经线为地方时 12 时的原理，东加西减，数经线就可知两地的时间。根据晨昏线可知各地的昼夜长短。

（2）太阳直射纬线——赤道或南北回归线，便可知南北半球的季节，还可知各地是某月某日某时。

法定时间

标准时的时区以经线为界，法定时则以山脉或政治疆界为界，由所在国的中央政府以法令规定实行，例如中、美、法等国都有法定时的规定。我国东西跨经度 61°多，占世界五个时区，规定全国统一用北京时间，最东差 1 时，最西差

3时。有的国家的法定时与标准时不一致，如莫斯科和巴黎比标准时迟1小时，西欧和非洲的一些国家，夏季时间比标准时早1小时等。[2]

二、世界标准时间的重要性

国际子午线会议（Interactional Meridian Conference）的召开是时代发展的产物。伴随着交通与通信手段的日新月异，特别是铁路和电报、电话的出现，对于计时工具的要求更趋向精确化，在此基础上，世界时间的标准化也显得尤为迫切。这次会议的召开正处于19世纪标准化运动的浪潮中，被视为迄今为止关于时间系统国际标准的最早一次对话，虽然会议本身带有明显的外交特征，但还是通过了一些"明智的"决议，确定了格林尼治作为全世界经度和时间的起始点。尽管对于这次会议也存在褒贬不一的看法，但都不能掩盖其积极的影响。

19世纪，关于时间的最重要发展方向莫过于标准时间系统的建立。这个新方向主要是由通讯与交通的进步所导致。首先是铁路的问世与普遍应用，其次则是电报的发明。英国是世界上最早建立铁路系统的国家，1830年英国开始进入"铁路时代"。十年后，借着铁路系统的分布，逐渐将各个不同地区的地方时（local time）统一为"伦敦标准时"。到了1847年，全英国的铁路及沿线城市均已采用伦敦时间作为标准时间。美国自1812年引进火车之后，各种各样的地方时成为乘火车出行最困扰的问题。在19世纪70年代，如果有美国人从华盛顿乘火车去旧金山，途中需要不断调整手表时间，才能算准各地的火车时刻，单就费城的火车站就有 4 个显示不同时间的挂钟，用以告知旅客各地的时间。其他如芝加哥、匹兹堡等大站，也有 4~5 个时钟。解决时间困扰的问题，确立一个人们都能接受的标准时间以方便换算，随着火车班次的日益频繁而更加迫切。[1]

三、格林尼治天文台的变迁

由于英国工业的发展及伦敦人口增加造成的烟尘、灯光，严重地干扰和影响天文观测。1948 年，这座天文台搬到了英格兰南部的苏塞克斯郡的赫斯特蒙苏城堡里，但仍保留了"皇家格林尼治天文台"的名称。老格林尼治天文台便成了供国内外游人参观游览的格林尼治公园（Greenwich Park）。

新址以建于 500 多年前的城堡为中心，在城堡东侧的小山上，新建了 7 座圆顶形的观测台。

由于全球的经纬度是有微小变化的，所以在 1957 年后，国际上改用由若干天文测时结果长期稳定性较好的天文台组成的平均天文台作为参考。由这些天文台原来的经度采用值，利用天文测时资料求取各自的经度原点，再对这些经度原点进行统一处理，最后求得平均天文台经度原点。1968 年，国际上以国际习用原点（是国际上统一成地极坐标原点，根据五个国际纬度站的平纬来确定）作为地极原点，并把通过国际习用原点和平均天文台经度原点的子午线称为本初子午线。

由各种新技术确定的地球坐标系的经度零点都尽量与

本初子午线一致，但往往有不到 1″ 的差别。

英国政府决定从 1986 年起停止维持格林尼治时间。[3]

四、世界标准时间的原理、本质

世界标准时间的本质同样反映的是由地球自转和公转形成的太阳光的强弱、明暗变化过程。

由于技术的限制，圭表和日晷是利用太阳光照射的影子间接来反映地球自转与公转形成的太阳光的强弱、明暗变化过程；漏刻是以某种有规律的运动与地球自转与公转产生的太阳光的变化过程发生某些联系；机械、电子计时器则是以机械、电子有规律的运动与地球自转与公转产生的太阳光的变化过程发生某些联系，与漏刻的计时原理完全一样，只不过这些机械、电子的运动比漏刻的运动更加规律和准确。

而格林尼治时间的原理与圭表和日晷原理是一样的，只不过格林尼治时间利用了更先进的科学技术，直接测量的是地球自转与公转形成的太阳光的强弱、明暗变化过程，并运用了现代科技，使这种测量更加准确。

然后制定出了相应的更加准确的机械装置——计时器与这种过程更加符合。

从古代的计时系统到格林尼治时间的统一，其共同本质为：反映地球自转与公转形成的太阳光的强弱、明暗变化过程，然后根据太阳光产生的昼夜变化更好地进行生产和生活活动。

格林尼治时间与古代的计时系统相比，还有以下一些进步。

（1）用时区来反映昼夜在地球上各地的变化过程。

为了地球上人们方便联系、交往，对地球自转与公转形成的昼夜变化在地球上各地的不同过程，制定了时区来反映。

以前各地或各国用各自一些方法和标准来反映这种过程，然而太阳光在地球上各地产生的昼夜变化过程不同，不同国家、地区的计时系统无法让另外的国家或地区的人理解。

（2）为了世界各地的人交往、贸易，对计时标准进行了统一。人们共同遵守这个标准，以此时间标准安排人类的活动。

这就形成了现代意义的时间观。

五、特别注意

根据格林尼治时间的来源、原理、本质得到的现代时间系统，必须注意以下一些问题。

（1）现代钟表所表示和记录的并不是宇宙中存在一种"时间"，反映的是地球自转产生的昼夜交替现象（太阳光强弱、明暗的变化）的过程，只是简称为时间；反过来，钟表等计时器制作时的依据同样是地球自转产生的昼夜交替现象（太阳光强弱的变化）的过程。

我们看钟表显示的几点，其实要了解的是现在太阳光照到地球什么位置了。

格林尼治时间是为了让人类根据昼夜交替安排行动能

更准确和统一。比如飞机在 9 点起飞，大家以此为准去乘飞机；几点钟上班，大家以此为准去上班；而且人们随时根据格林尼治标准时间校正自己的计时器。其实这里的几点也可以用太阳光来表示：太阳照到头顶的时候、太阳落山的时候，只不过这些表述不准确和有些模糊，但它表示的意义和本质与现代计时器是一样的。只不过现代计时器更准确地表示了太阳光的变化过程。

（2）后来人们逐渐淡忘了时间的本质和来源。

所有的计时器都以世界标准时间（格林尼治时间）为准，但这个时间反映的本质是地球的自转与公转导致的太阳东升西落和昼夜交替的变化过程，并不表示宇宙中有"时间"的存在，只是简称为时间，比如 2 点，表示太阳照射到地球上什么位置了；反过来，太阳光照射到什么位置的时候，则用几点来表示。

（3）有人会在此提出一个问题：地球、太阳、月球的运动需要时间吗？这已经是另外一个问题，后面将探讨物质的运动与时间的关系。

重点内容

有关时间的重要逻辑问题

大家始终要明白，在原始社会甚至更早的远古时期，人们就有了本书前面所探讨的时间观念：太阳光从强到弱、从明到暗形成的昼夜变化过程，并且人的生存完全与此结合，根据这种现象来安排行动，日出而作，日落而息，同时对日出而作又作了很细化的安排。这时，人们并不知道是地球、太阳、月球的运动形成的这种现象，也并不知道它们之间的

运动关系，但这个时期形成了时间观念以及能利用日影、树木、山峰等简单测量这些现象，形成了简单的时间系统。后来的时间系统也是在此基础上完善的，只不过对这些自然现象的变化过程能更准确地测量并形成更复杂的时间系统，但无论如何发展，时间的本质是没变的。

在这里，时间表示的意义和本质，确实是地球自转与公转导致的太阳东升西落和昼夜交替变化的过程。

注释：

1．韩卿，关增建．国际子午线会议之述评[J]．科学技术哲学研究，2010（5）．

2．王栋材．世界的标准时间[J]．荆州师专学报（自然科学版），1984（2）．

3．何开云．格林尼治天文台史话[J]．英语知识，1998（8）．

第五章　国际原子时的来源、原理和本质

一、科技发展对昼夜变化更精确地反映

◎太阳时

在人类历史上，一直采用两种自然现象的变化规律过程作为时间的标准，即天（日）和年。一天（日）是最容易识别的，由于地球自转而形成的白天与黑夜非常有规律，一年也是相当容易识别的，这是因为地球围绕太阳公转形成的四季变化也非常有规律。总的来讲，一天就是地球自转一圈产生的太阳光线的变化过程，一年就是地球绕太阳公转一圈形成的四季变化现象。因此，天与年很自然地被人们用来作为时间的标准。人们对此又进行了划分：一天被划分为 24 等，称为 1 小时；每小时又被划分为 60 等，称为 1 分钟；每分钟又被划分为 60 等，称为 1 秒。

但是随着科技的发展，人们用其他方法和手段去测量地球自转与公转产生的太阳光变化过程的时候，发觉地球每天并不等于 24 小时，每天中午太阳到达子午线的时间也不一致。

对任何一个观察者来说，当太阳当顶时，也就是说，当太阳和它所处的子午线垂直时，我们称这时是正午 12

点。太阳连续经过同一条子午线的时间被称为一天，即太阳日。

这似乎是一种非常简单也是最好的测时方法，但实际测量时并非如此，用这种方法来确定时间并不是非常精确而且也不是恒定不变的，因为在整个一年中的时间长短是略有变化的。反过来，以钟表的运动来测量一天的时间，测得的结果都不一样。

究竟用哪一天作为制造或衡量钟表的标准，来使钟表的运动与太阳光一天的变化过程相吻合，这是一个难题，因为测量得到的太阳光每一天的变化过程并不相等。不相等的原因是太阳光线经过子午线正午的运动轨迹并不是相同的。实验证明，在房屋顶上开一个小孔，使阳光的点落在房间的地板上，如果每天太阳处于最高的时候，对这个光点作一记号，那么一年后就能在地板上绘出一个其方向由北到南的 8 字图形，表明阳光点由北向南在运动。这一结果表明，在一年的不同时间里，所谓中午太阳的高度是不同的。

如果用有规律运动的钟表来衡量：光点的这种由东到西的运动表明，太阳有时候比钟表略微提前一点，有时候则比钟表略微推迟一些。

造成上述情况的原因是地球绕太阳运行的轨道不完全是圆形的，而是略呈椭圆形。地球绕轨道运行的速度稍有变化，地球最接近太阳时，其公转速度最快，离开太阳最远时，公转速度最慢。因此，在一年中，地球绕着其轨道运行，其与太阳的距离略有变化，最终形成了太阳光照射到地球上每天的位置有些差异。

这样的结果是,每天太阳光经过子午线的先后就不一致。

如果制作时钟，以一天为标准做机械运动，这样应该与哪一天相吻合呢？

随着科技的发展，为了更准确地反映这种变化过程，必须对此用更科学的方法和手段。

◎**真太阳时**

地球公转轨道是一个椭圆，叫黄道。太阳就在这个椭圆的一个焦点上，地球离太阳的距离有时会近一点，有时会远一点。一月初，地球离太阳最近，这一点叫作近日点；七月初地球离太阳最远，这一点叫作远日点。地球在近日点的运动快于在远日点的运动，因此一年之内的不同季节地球的运动并不是匀速的。每个真太阳日的轨道长短也不相等，用有规律运动（原子辐射运动）为标准制造的钟表去衡量，一年中最长和最短的太阳日相差 51 秒。

由于地球不停地自转（同时伴随公转），在旋转一周的过程中，太阳先后经过地球上所有经线。一个真太阳日就是真太阳视圆面中心相继两次经过当地经线半平面的整个变化过程或运动过程。

真太阳是在椭圆轨道——黄道上运行的，根据开普勒第二定律可知，它在轨道上各点的运行速度是不同的。把真太阳（视太阳）位于午圈的线上，作为正午 12 时整，叫作"视午"。

◎**平太阳时**（mean solar time）

平太阳时简称"平时"，也就是日常生活中看到的昼夜变化现象。

真太阳日的变化过程不均匀，用它计时误差较大。为此，美国天文学家纽康（Simon Newcomb）于 19 世纪末提出，用一个假想的太阳（平太阳）代替真太阳，这个平太阳在赤道上按真太阳在黄道上一年视运动的平均速度匀速运动，并尽量靠近真太阳。

规定：太阳圆面中心白天到达天空中最高位置的时刻为太阳上中天，夜晚到达地平线以下最低位置的时刻为太阳下中天。

规定：太阳下中天瞬间为一天的起始时刻（0 时），相邻 2 次下中天之间的时间间隔为一天（也就是地球相对太阳的自转周期）。一天等分为 24 小时，上中天时刻便是一天中的 12 时。

一平太阳日等于真太阳日全年的平均值。由于平太阳日的长度较为稳定和均匀，因而人们将它定为时间单位，并将其长度的八万六千四百分之一定为"秒"。这是以地球对太阳公转与自转为基础的，称为天文秒。因为时间的测定是以格林尼治天文台的时间为基础的，所以用这种方法测出的时间被称为格林尼治平太阳时。[1]

精确程度约 3 年差一秒。经过长期观测修改后产生了运行更均匀的历书时（基于地球公转作为时间标准称为"历书时"），其精确度是 30 年差一秒。[2]

二、历书时的原理与本质

随着科学技术的发展，人们认识到昼夜变化过程是地球围绕太阳公转与自转产生的现象，也就是地球围绕太阳运转的运动轨道。

随着天文理论的发展和科技水平的提高，人们已经不用测量太阳光在地球上的变化过程，而能直接测量出地球围绕太阳运转的轨道，这种方法测量得到的数据比用测量太阳光在地球上的变化过程得到的数据更准确。

但时间的本质还是地球围绕太阳公转与自转产生的太阳光昼夜变化过程，而非地球围绕太阳运转的运动轨迹。

重点内容

时间诞生的最初来源和本质

如果没有昼夜变化现象和规律，只有运动轨迹，人们不一定会以这种运动作为时间的标准或从当初就不会那么关注它。正是因为这种变化过程、规律与人的生活紧密相关，人的活动才用它做依据，特别是与人的生存不可缺少的粮食种植要用这种变化来安排，所以才关注并记录这种变化过程、规律，从而建立起一套完整的系统，再制造一些仪器与这种变化过程、规律相吻合。这套系统简称为时间，这也是时间诞生的最初来源和本质。

太阳光在地球上的昼夜变化过程，实际上是地球围绕太阳公转与自转形成的，人们因此就认为时间与太阳光在地球上的变化过程无关了，而反映的是地球围绕太阳公转与自转形成的轨迹。这种看法是错误的。

目前人类所掌握的理论和技术已经不用直接测量太阳光在地球上的变化过程，而通过其他手段比如测量星球运动轨迹得到太阳光在地球上的变化过程的一些数据，甚至

比用直接测量太阳光在地球上的变化过程的结果要准确。但最终反映的是太阳光在地球上的昼夜变化过程、四季轮回过程，因为这是时间的来源和本质。

除了用直接测量地球围绕太阳公转的运动轨道得到太阳光在地球上的变化过程，还可以测量太阳系其他星球的运动甚至通过测量银河系的星球运动，并与这些星球的运动建立关系，得到太阳光在地球上的变化过程，这样测量的结果也可能比靠测量地球围绕太阳公转的轨道得到的结果更准确。但无论运用什么方法或手段，时间都反映太阳光在地球上的变化过程，而非地球或星球的运动轨道。

最初人类建立这种时间的时候，根本不知道天体运动及其规律形成了太阳光在地球上的变化过程和规律，只是想办法记录昼夜、四季的变化过程，以方便生产活动。后来通过理论的发展和技术的提高才逐渐认识到，这是由天体运动造成的，才开始准确地测量这种变化过程，但它的本质仍没有改变：时间反映的是太阳光在地球上的昼夜变化过程、规律（日）和四季轮回过程、规律（年）。

再者，如果没有昼夜、四季变化过程和规律，大多数人也不会去关心星球的运动及其运动轨迹，比如太阳系、银河系那么多星球运动，同样产生了运动轨迹，但大多数人并不去关心，更不会用来作为时间标准，因为它们与人们的生活无关或关系不紧密。

总之，一定要认识到，随着理论和技术的发展，人们测量太阳光在地球上的昼夜变化过程、规律（日），以及四季轮回过程、规律（年）的方法、手段都在改变，而不要随着这些改变就误解时间就是反映的其他过程、规律，而忘记建立时间的本质。

三、从天文时（世界标准时 GMT）到原子时（TAI）再到协调世界时（UTC）

◎从天文时到原子时的原因

日出而作，日落而息，人们对太阳光线的变化过程非常敏感且依赖程度非常深，人们把这种变化过程记录下来称为"时间"。

后来随着理论及技术的发展，人们发现这种现象是地球围绕太阳公转与自转产生的现象，于是直接测量地球公转与自转的轨道来得到这种现象的结果，这种结果比用测量太阳光的变化过程更准确。测量基于地球自转的轨道称为"平太阳时"，测量基于地球公转的轨道称为"历书时"，两者都属于天文时。并且用更好的测量手段和方法导出了比"日""年"更小的单位"秒"。

天文秒长依靠天文观测的平均周期导出，如"平太阳时"的秒长=平均日长/86400。也就是说，先借助天文观测得到地球自转的平均周期（日长），然后"细分"得到秒长。

随着科技的进步，人们发现地球自转的速度实际上并不稳定，尽管地球是一个巨大的质量体，但它的运动速度仍然时快时慢。当然这里时快时慢的"时"不仅仅指我们日常生活的一月一年，而是天文时间的概念，数百年以至数千年。整个天体中很多星球（包括地球）的运动和质量分布变化都会引起地球运动的变化，这使得地球自转和公转运动的规律极其复杂，反映到要求精确记录时间并且以此作标准时候，这种不稳定就会带来不方便，如果有更好的方法，人们就可能选择后者。

到 20 世纪中叶，随着量子物理的诞生和发展，科学家得以利用量子现象作为时间的标准，1955 年第一台铯原子钟诞生。[3]

1967 年，国际计量大会决定用原子秒取代天文秒，原子秒长标准是碱金属铯 133 同位素（^{133}Cs）基态两个超精细能级之间跃迁辐射运动 9192631770 次。[4]

原子时起点定在 1958 年 1 月 1 日 0 时 0 分 0 秒(UT)，即规定在这一瞬间原子时时刻与世界时刻重合。但事后发现，在该瞬间原子时与世界时的时刻之差为 0.0039 秒。又过了几年，到 1972 年实验室型铯原子基准钟才正式成为复现秒的标准。

对比天文时，原子时的基本单位是秒，天文时的基本单位是"日"，原子时由秒累积得到分、时、日和年，而天文时是把日划分成小时，再划分成分、秒。

原子钟产生的秒长"积累" 86400 次，就是一天。那么，原子秒定义中 9192631770 这个数具体是怎么得来的呢？就像任何新事物都脱胎于旧事物一样，科学家在定义原子秒的时候，也采用了天文秒长做标准"尺子"，尽可能准确地测量 ^{133}Cs 相应的跃迁周期数。也就是说，在 1 个天文秒里，他们数出 ^{133}Cs "振动"了 9192631770 次。[5]

从此，原子时取代了天文时。

1991 年，法国 Clairon 小组报道了最新一代激光冷却铯原子喷泉基准钟。[6]目前全世界最好的铯喷泉基准钟的相对准确度达到（4~6）×10^{-16}，相当于 8000 万年差 1 秒。

　　原子钟报时原理，比地球自转时间更稳定，也就是全世界以这个为标准则更稳定。

　　于是时间标准系统逐渐转向了原子钟，后来就改为以原子钟报时的协调世界时（UTC）。

◎国际原子时是如何产生的

　　原子秒长由基准计时器产生，原子时间也不再靠观星星测太阳了。现在全世界通用的时间称作协调世界时（Coordinated Universal Time，简称 UTC），它是由国际计量局（BIPM）主导、全世界 70 余家守时实验室参加的国际原子时合作，经过多种程序产生各守时实验室的原子时和国际原子时 UTC。从实验室原子时再到国际原子时过程如图 5-1 所示。

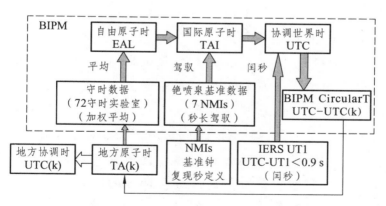

图 5-1　国际原子时合作产生协调世界时（UTC）（图中 BIPM 为国际计量局，Circular T 为时间公报，NMIs 为各计量院，IERS 为国际地球自转局，UT1 为世界时 UT1）[7]

国际原子时的稳定性是由分布在世界各地的数十家实验室的原子钟定期比对来保证的。这些原子钟的比对是通过罗兰 C 系统、GPS 系统、卫星双向系统进行的。比对的不确定度根据比对方法的不同而不同，但都小于 0.1 微秒。

各个实验室的时标通过卫星进行比对，再将比对数据报送 BIPM，经"加权平均"得到自由原子时（EAL）。然后利用少数几个国家的铯喷泉基准钟进行校准，产生国际原子时（TAI）。图 5-1 中虚线框内是 BIPM 的工作。BIPM 每 30 天发布一次《时间公报》（Circular T），公布国际原子时与每个守时实验室时标之差。各守时实验室据此校对自己的时标，称作地方原子时。各守时实验室在校对之前独立产生的时标时刻准确程度参差不齐，比较好的大约为 6 万年差 1 秒。经过《时间公报》校对提高的程度也不一，修正结果比较好的地方原子时准确度大约可以改善 100 倍，达到 600 万年差 1 秒。[7]

国际原子时的三个特点：

（1）不是宇宙中存在的，而是根据众多地方原子时数平均得到的结果，然后作为时间标准。

（2）用铯喷泉基准钟校准自由原子时（70 多家时标数据的平均值），得到国际原子时。近似于用各国的报时中心的整点报时来校对钟表等计时器。而钟表等计时器却不停地在运动，定期"核时"可以改善钟表的准确度。

（3）全世界使用同一个时间，中国时就是东八区协调世界时，等于 UTC+08:00:00。

◎天文时（世界标准时）与原子时的纽带——闰秒，成为协调世界时

尽管原子秒长的定义从天文秒脱胎而来，但国际原子时是一个纯粹的原子时标，和天文完全无关，原子时完全可以自成系统成人类计时标准（后面将讨论此计时系统）。

以原子共振频率作为时间标准，比世界标准时更为精确，主要用于天文、测绘、卫星导航等对时间精度要求高的领域。由于地球自转速度的不均匀，原子时与世界标准时的差异逐渐变大。

自 20 世纪中期，人们就开始测量对比原子时和天文时，结果发现两者逐渐出现了偏差，且渐行渐远。1970 年，当时的科学家决定建立协调世界时 UTC，作为一种"折中"时标。[8]

为了解决这一差异，协调世界时于 1971 年应运而生。协调世界时（Coordinated Universal Time，简称 UTC）以原子时为基础，采取插入闰秒的做法，保证与世界标准时（以格林尼治作为本初子午线的平子夜起算的平太阳时）一致，从而做到与日、年等自然现象的协调。[9]

为确保协调世界时与世界时相差不会超过 0.9 秒，在有需要的情况下会在协调世界时内加上正或负闰秒。闰秒要在 6 月或 12 月最后一天最后一分钟的最后一秒钟实施。闰秒由位于巴黎的国际地球自转局（IERS）决定，每 6 个月以公告（Bulletin C）的形式向全世界发布。自 1972 年协调世界时正式使用至今，已经实施 25 次闰秒。

最近二次闰秒时间为 2012 年和 2015 年。

我国在北京时间 2012 年的 7 月 1 日 7 时 59 分 59 秒（世界时 2012 年 6 月 30 日 23 时 59 分 59 秒）和全球同步进行闰秒，北京时间出现了 7 时 59 分 60 秒的难见景象，意味着 2012 年全年有 31622401 秒。上一次闰秒是在 2008 年 12 月 31 日，二者同为正闰秒（即最后一分钟 61 秒）。

2015 年 1 月 5 日，总部设在法国巴黎的国际地球自转和参考系统服务组织 IERS（International Earth Rotation and Reference Systems Service）在 49 期 C 公报发布闰秒公告：协调世界时 UTC 将在 2015 年 6 月 30 日（格林尼治时间）实施一个正闰秒，即增加 1 秒。1 月 8 日国际权度局时间部 BIPM（Bureau International des Poids et Mesures）向全球参加国际原子时 TAI 计算的各守时实验室发布了闰秒调整预报。

UTC 时间：

2015 年 6 月 30 日，23 时 59 分 59 秒

2015 年 6 月 30 日，23 时 59 分 60 秒

2015 年 7 月 1 日，0 时 0 分 0 秒

截至 2015 年 7 月 1 日，协调世界时 UTC 与国际原子时 TAI 的时差为 35 秒。本次闰秒调整后 UTC 与 TAI 的关系为：UTC 相对于 TAI 慢了 36 秒。这反映了地球自转长期变慢的趋势。是否闰秒以及什么时候闰，由国际地球自转服务组织 IERS 根据 UTC-TAI 的发展趋势来决定。

原子时标是一个高度国际化的产物。现今全世界通用的协调世界时 UTC，其实就是经过"闰秒"的国际原子时。全世界使用一个时标 UTC，英国（格林尼治）时间是 0 时

区的 UTC+00：00：00，中国（北京）时间是东 8 区的 UTC+08：00：00。

◎是否取消闰秒

闰秒给卫星定位、导航等依赖时间精度较高的高科技领域带来很大的不利影响，因此有些国家提出废除闰秒，完全采用原子时间标准。

2011 年下半年，国际电信联盟会议建议取消以格林尼治时间作为标准的闰秒措施，原因是地球自转快慢影响时间的准确度，而且平均每年要闰秒，满足不了现在科学技术发展的需要，比如卫星导航系统。目前美国、俄罗斯、欧洲和中国都建立了卫星导航系统，因此国际时间研究专家提出用以原子振荡周期为依据的"原子时"作为单一计时标准，取消闰秒，这对格林尼治时间标准有很大影响。

是否取消格林尼治时间，目前国际电信联盟下属的国际无线电咨询委员会起着关键作用。与时间有关的组织包括国际天文学联合会（IAU）、国际电信联盟（ITU）、国际地球自转服务（IERS）等，就时间问题保持合作。国际电信联盟 2012 年无线电通信全会（PA）于 1 月 16 日至 20 日在瑞士日内瓦举行，闰秒是与会各方讨论的核心问题。最终结果是，无线电通信全会没有通过美、法等国关于取消闰秒的提案。国际电信联盟已经决定，将推迟是否完全废除闰秒的提议决定时间，先让国际科学界去论证。

2012 年 6 月，因为增加一秒钟的"闰秒"，当时不少国外知名网站陷入了临时服务中断状态。

取消闰秒的协调世界时（UTC）将回归成为一个连续的原子时标，与以美国的 GPS 和中国的北斗系统为代表的原本就不闰秒的高准确时间频率应用相一致，从而促成全世界使用一个统一的时标体系。

国际计量组织在 2007 年已经同意取消闰秒，国际电信联盟计划在 2015 年下半年就取消闰秒进行表决，但会议并未如期召开。参加表决的国家如何表态，不仅仅是科学技术问题，而且掺入了其他因素，诸如历史传统，甚至有地区的、国家集团的考量。一旦决定取消闰秒，可能会有一个 5 年的缓冲期。

总的来说，尽管是在现今原子时标的体系里，但在原本意义上，它们都属于天文时的概念。

虽然只是小小的 1 秒，但对人类的意义非同小可。因为，目前世界各国在很多设备上都采用世界统一的时间标准，如果有些国家不愿意与这个标准同步，单独拒绝"闰秒"，一些高精度的系统就无法和世界衔接，比如小到股票交易，大到卫星上天，都会出现一系列的连锁反应。

格林尼治时间标准是以地球运转为基础的，称为"世界标准时"。"世界标准时"与人的感觉白天黑夜相一致，而"原子时"是完全以某种规律运动为基础，与人的感觉不完全一致。自人类启用"原子时"以来，两种时间的偏差不断加大。

如果取消闰秒，完全采用"原子时"作为时间计量的基准，由于地球自转长期减慢，日积月累，将会出现"原子时"的时间与昼夜变化不同步的问题。比如七八千年后，原子时显示的时间可能是白天中午 12 点，可实际上已是黑夜了，这对人类生活有很大影响。

如果再往后延长，则可能出现黑白颠倒。从天文时间的尺度来说，这件事一定会发生。但是，现在日常生活所依据的原子时与天文时差到 12 小时（白天黑夜颠倒），需要 65500 年！在若干年后与地球围绕太阳运转产生的昼夜、季节变化可能毫无关系。[2]

对普通人而言，快一秒、慢一秒不会影响生活，但对授时机构、通信、航天、电子等时间精度要求较高的领域而言，调校时间不是一件容易的事。例如，全球卫星定位系统、电信网络的时间要调校精确至毫秒，如何避免误差成为不小的挑战。

一些研究人员呼吁废除时间计量系统的"双轨制"，以原子时作为单一计时标准。

四、国际原子时的原理和本质

◎国际原子时的原理

原子钟的计时原理与古代的漏刻本质上是一样的，都是通过有规律地运动来计时的。只是与漏刻用有规律的运动与"昼夜"相吻合不同，原子时是用有规律的运动与对"昼夜"经过更科学地计算，然后取其 86400 分之一（定为秒）相吻合。

原子计时原理比漏刻等的运动更稳定、准确。

可能有人会提出一个问题：原子辐射运动本来反映的

就是时间或者测量的是时间，原子辐射运动需要时间，这些想法其实犯了逻辑错误：承认存在一种时间。原子辐射作为一种有规律的运动与存在的时间没有关系，至于事物的运动与时间有无关系这个问题后面将讨论。

◎国际原子时的本质

原子时不是记录存在的一种时间，同样反映的是地球围绕太阳运转产生的太阳光变化的过程，然后让大家共同认可这个标准来安排人的行动。

同前面讨论的一样，这里要强调一个逻辑关系，原子时表示的是一种有规律运动（原子辐射运动）与地球运转产生的日夜交替过程产生某种关系，并不表示存在一种时间，至于这些运动与时间有无关系，将在后面讨论。

注释：

1. 蒋洪力. 正午日形迹的天文学原理和时空分布规律[J]. 教学研究，2016（7）.

2. 卢敬叁. 我们的生活能离开格林尼治时间吗？[J]. 中国标准导报，2012（5）.

3. Essen L. Parry J, Nature,1955,176：280.

4. Resolution 1. 13th CGPM,Metro-logia,1968,4,41.

5. Markowitz R. Hall R G. Essen L, et al. Phys. Rev. Lett. 1958,1,105.

6. Clairon A. Salomon C. Guellati S. et al. Europhys. Lett. 1991,16,165.

7. 高源，张爱敏，李天初. 原子时标：闰秒和取消闰秒 [J]. 物理百科，2015（6）.

8. Recommendation 374. 1963 International Radio Consultative Committee （CCIR）.

9. Resolution 5. the 15th General Confer-ence on Weights and Measures （CGPM）（1975），Metrologia，1975，11,104.

第六章　人为计时标准系统和现代计时工具及本质

一、原子时不再闰秒可以成为一种人为的计时标准

虽然原子时是从天文时脱胎而来，与天文时发生了关系，但如果原子时不再闰秒，原子时的本质就发生了变化，与天体运动产生的自然变化过程无关，完全成为一个人为的计时标准系统，而这个系统只要强制执行，得到大家的认可并遵守就完全能够成为一种标准。

一平太阳日长度的 1/86400=碱金属铯 133 同位素（^{133}Cs）基态两个超精细能级之间跃迁辐射运动 9192631770 次。

原子时的单位与进位可以完全与天文时无关，目前虽然用的天文时的单位与进制，但这只是一种借用。

原子时也可以规定：碱金属铯 133 同位素（^{133}Cs）基态两个超精细能级之间跃迁辐射运动 1 次为 1 秒，规定出与日、分钟等没有关系的单位或进制，并以此制作出计时器，让大家都认可并遵守这种计时标准，然后以此标准安

排人的行动和群体活动，这种计时标准也完全成立。

　　这种计时系统没有用天文现象的日、月、年作为参照物，使用起来可能不很方便。

　　人类为了需要共同制定一些标准，也叫国际标准。这些标准有的表示不是一种客观存在或现象，而是一种约定，让大家共同认可并遵守执行。

重要资料

世界通用的 7 个计量标准

　　目前，世界通用的计量标准已经规定了 7 个，这些标准规定了基本的单位：时间秒、长度米、质量千克、电流安培、温度开尔文、发光强度坎德拉、物质量摩尔。其他所有物理量都可以从这 7 个基本单位导出。而秒是基本单位中准确度最高、应用最广、最适于远程传递的一个。基本单位中的长度单位米，电压单位伏特都借用秒来定义。

　　人类制定的标准还存在这样一个过程：最初是从客观事物中发展而来，反映的是客观存在的事物，随着人类科技的发展，有的标准完全抛开了客观存在，成了人类共同认可和遵守执行的标准，与具体的客观事物关系不大甚至没有关系，比如货币就属于这类标准，这种过程也叫抽象。

专题研究

抽象往往让人混淆本质

　　抽象就是完全抛开客观事物而抽象成一种理论或人为的标准。

人们运用高度抽象理论的时候往往会忽略或混淆最初的本质。

在人类理论发展史上出现了一种奇怪的现象，随着人类生命向后的延续发展，人们运用的是越来越高度抽象的理论或标准，而对这些理论或标准的最初来源及发展过程则忽略或混淆了，以至于去研究这些抽象理论或标准的本质及特性时，只注重从这些抽象的理论或标准中去认识、推测，而完全抛弃了或再也找不到这些理论或标准最初来源的具体事物，所以对这些理论或标准的本质及特性产生很多错误的认识及观点。

人类的理论或标准的产生往往就是这样一个过程：具体事物→抽象理论或标准→到具体事物→抽象理论或标准，这样一个反复发展的过程。

人们对时间的认识也是如此！

随着人类对时间的越来越抽象及人们运用越来越抽象的时间，人们就越来越难以认清时间的特性及本质，对时间形成很多错误的观点。

在世界没有形成标准时间之前和没有高精度的钟表等计时器的时候，人类的时间观念是怎样的呢？古代人们是怎样计时的呢？也就是格林尼治标准时间是怎样由古代的时间观念完善而来的？这也是格林尼治标准时间的由来及现代时间观的源头。

随着照明技术的发展，人们的行动已经不完全依靠太阳光而安排行动的时候，时间的本质就可以进行改变。

在时间里面可以与太阳光的变化过程无关，只要以有规律的运动作为标准，能够共同遵守这个标准并以此安排活动，这样的时间系统同样可以成立。这种时间体系只是一种人类标准而无其他意义。

但是当由于某种因素人类无法执行或认识这种标准的时候，人类安排行动，又只能回到以太阳光变化过程为标准。

所以人们对现代钟、表、电子计时器等越来越认为它们就是纯粹的计时工具，误解为它们反映的是宇宙中存在的一种抽象的"时间"。

如果不与太阳光的变化发生关系，也就是不与天文产生的自然现象、规律相关联，那么任何有周期的运动都可以作为标准从而建立起一套时间标准系统。并且这种有规律的运动越稳定越好，从过去的漏刻到原子辐射运动均可，才能满足人类的各种需要。

1945 年，美国纽约哥伦比亚大学物理学家拉比提出用原子束磁共振技术来做原子钟的概念。1948 年，美国国家标准和技术局 NIST 用氨分子作为磁振源，制成了世界上第一台原子钟。1952 年，NIST 制成第一台铯原子钟，将之命名为 NBS-1[以当时的美国国家标准局（National Bureau of Standards）命名，简称 NBS]，这一命名规则一直延续到 1975 年的 NBS-6。现在存放于 NIST 的铯原子钟为 NIST-F1，精度为 3000 万年差一秒。

华人叶军的研究小组在 2006 至 2007 年，做成一台世界上最准确——每 7000 万年仅误差 1 秒的锶原子光钟，精度超过了目前存放于美国国家标准和技术局的铯原子钟，并有望取代铯原子钟成为世界新的计时标准。

只是利用有规律的运动作为计时标准，而完全不与天体运动产生的自然现象、规律相关联，这在古代有一个非常好的实例。

重要资料

辊弹漏

辊弹漏是漏刻的一种，又名星丸漏。《金史》中记载，章宗明昌年间，金章宗完颜璟巡幸之时，命宫人携星丸漏，以知时刻。

南宋学者薛季宣的《浪语集》中提到，在一个高、宽各2尺的屏风上，贴着"之"字形竹管。有10个约半两重的铜弹丸，计时者从竹管顶端投入铜弹丸，在底部有铜莲花形的容器，弹丸落入后砰然发声，这时再投入1丸，如此往复，据此计时。

竹管水平方向的倾斜角度约为 15°，两管连接处的夹角估 30°。从投弹开始计算，从投弹进口到弹滚出下端出口为一个运动周期，也作为一个时间单位。

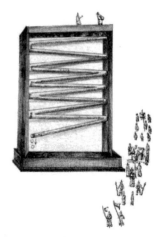

图 6-1　辊弹漏模型图

投弹的次数乘以计时单位就是所得时间。

辊弹漏的原理：以弹子从上端入口滚出下端出口作为规律运动，并且作为一个计时单位。

制作辊弹漏时可能以水漏为标准，但这种工艺即使有标准可能也相当不准确；或者没有以任何水漏为标准，就以滚球的运动过程——从上端入口到下端出口作为标准，这样计时标准就与地球运转产生的自然变化现象毫无关系，但只要这个作为了一种标准，并强制人们认可并执行，一个人为的时间标准系统就建立了。因为使用环境不受限，因而也常用于行军途中。

辊弹漏计时原理与原子辐射运动是一样的，只不过后者比前者运动规律更稳定。

重要内容

原子标准时间与天文时间区别的一个实例

如果人为标准时不与自然现象关联，天文时与人为标准时会产生很大差别。

现在，日期和时差已是世界各国人民所熟知的常识，因为这是以昼夜自然变化现象、规律来计时的，如果不以自然变化计时，环球航行就不会出现日期差的问题。

早在 14 世纪下半叶，就有人提出，假如两个旅行者分别从东西不同方向作环球旅行，并且在同一天回到出发地，会产生日期差的问题。向西的旅行者会发现，他算的日子会比留在原地的人计算的日期早一天；而向东作环球旅行的人，计算的日期则晚一天。这种推测是正确的，到地理大发现时代，西班牙人、葡萄牙人、意大利人的环球航行和殖民活动证明，的确存在日期差的问题。

之所以会出现日期差的问题，是人们根据太阳光变化产生的夜与昼来判断的。

如果不与昼夜变化产生关系，而是人为的计时系统，则不会出现这种情况。

如：设定标准原子时，1 日 =24 小时，必须以这个标准来进行全球航行，无论先从东或西边航行，回到原地后，用 1 日 =24 小时来计算，结果会是一样的天数。

完全不以太阳光自然规律和现象为标准建立的时间系统是人为建立的计时标准，也就是不考虑人的运动与太阳光的联系，人的活动与太阳光变化过程、规律无关，可以根据人的照明技术甚至照明技术也不考虑，只是作为人类群体活动的一个标准。

它是这样的原理：假设地球还将继续围绕太阳运转，人类活动还将继续下去，人类的活动以规律运动（原子辐射）作标准，让大家共同认识和遵守以安排人类的活动。这里的时间系统同样不表示存在一种时间，它只是以有规律的运动作为一种标准让人类在地球继续运转时，人类活动能够共同遵守这个标准。

这个计时标准记录和反映的并不是存在的时间或流逝的时间，只是反映原子辐射运动的规律和把这种规律运动的次数累加建立起时间系统，以此作为计时标准。

这种标准就是人为的，然后作为一种强制的、统一的标准，让人们以此标准来安排工作，进行集体活动。

当然，如果这种标准要与地球运转产生的自然变化现象相关联，它反映的本质还是地球围绕太阳运转而产生的太阳光的昼夜变化过程。

制定人为的时间标准已经具备了以下条件：

第一，随着科学水平的发展，人们已经能够找到稳定的、有规律的运动；第二，目前人们的组织协调性非常强，全世界成立了各种制定标准的组织；第三，随着照明技术的发展，人类的行动对太阳光的依赖越来越少，甚至可以不依赖，人们"日出而作，日落而息"的习惯已经完全改变。

所以，完全可以抛开太阳光的昼夜变化过程，而以某种有规律的运动作为标准，制定一个时间系统，然后全世界以此为标准来执行。

但这种时间，只是人为的"标准"，也与宇宙中存在时间完全没有关系，如果原子时不闰秒，不与格林尼治时间建立某种关系，其实就是这种本质的标准时间。

这种时间的本质，只是人类制定的计时标准。以便于个人行为及群聚活动，并可以作为一种强制标准让人们共同遵守执行，比如几点上班和下班、几点约会。

这种人为的标准计时系统在当今完全可以满足人类计时的需要。

 重点内容

"量杯效应"与人为建立计时系统

"量杯效应"是指用量杯去量一桶水，量这桶水的量杯的来源和本质是什么？扩展开的含义便是，用作最基本的这个"单位"的来源和本质是什么？

前面我们探讨了以天文现象、天体运动得到的天文时或

以原子周期运动得到的原子时，然后以此建立起了计时系统。

但很多人还是走不出认为宇宙中存在时间的惯性认知和思维。有人提出问题：作为计时的时间最基本单位是怎样得到的？就是"量杯效应"中最基本的杯子问题，计时的时间最基本单位是不是与宇宙中存在的时间有关系？

下面我们人为建立一套时间系统，而与天文现象、天体运动、原子运动完全无关，就是纯粹人为建立一套计时系统。这样就会让人们彻底从认为宇宙中存在时间的惯性认知、思维里面走出来。

当今科学技术水平已经完全能够用人的智慧制造出作为计时时间的标准——时间的基本单位，只要满足以下条件：① 有规律运动的物体；② 运动要精准。

而当今科技水平完全能够满足以上条件，并以此标准时制造出各种计时器，计时器也只能以标准时进行校准。

然后根据此标准运动物，建立一套计时系统，目前全世界成立了各种制定标准的组织，这些组织协调性非常强，再强制各国推行这套计时系统。并作为一种强制标准让人们共同遵守执行。

最重要的是人为制造这个计时的标准运动物——时间的基本单位，运动还要精准。依据现有的科技水平，这已经不是难事。

可以考虑制作一个简单的运动物，作圆周运动，运动一周作为计时系统最基本的单位"1秒"，就借用以前计时系统的单位，也可以不借用以前的计时系统单位，然后规定：

这个运动物运动 100 圈为 1 分，1000 圈为 1 小时。由此建立一套完整的计时单位。

其实这个标准运动物可以考虑用机械擒纵机，机械擒纵机完全是人的智慧的产物，与宇宙中存在的时间完全没有关系；或者制造出如辊弹漏类似的运动物作为标准，只是把它们制作得更精准。

反过来，我们可以用这套计时系统去测量天文现象及天体运动，得到一个测量值。比如测量得地球公转一圈为多少秒、地球自转一圈为多少秒、原子振幅周期运动 1 次为多少秒，与以前用天文时或原子时作单位时测量的结果得到完全不一样的值，因为基本单位已经改变。

也可以用此标准制造的计时器、计时系统作为运动物体中的标尺 t，功能和作用与以前的钟一样，用来比较衡量运动物体。

就时间基本单位的选择，它与天文时、原子时本质完全不一样，前者是以天文现象、天体运动、原子周期有规律的运动作为时间的基本单位，是宇宙中一种自然存在；后者是人为制造的有规律运动的物体来作为时间的标准物——基本单位，它是人为制造的。

这套完全人为建立的计时系统与以天文时、原子时为依据建立的计时系统本质是一样的：以有规律的运动为标准，然后建立起计时系统，并强制人们授受，以此安排行动。

这样建立的计时系统完全是人为建立的，非常容易理解，就是作为"量杯"的最基本计时单位的标准运动物，它与宇宙中存在的时间完全无关。

人为时间系统的建立与人为长度系统的建立近似，人为长度系统首先规定一个基本的长度单位，这个基本单位一定要稳定、不容易变化，然后在此基础上建立一套长度系统，比如分米、厘米、公里等。

作为"量杯"的最基本的单位米，不考虑其他因素，只考虑它的长度。时间最基本单位的选取与长度基本单位选取的本质完全相同。作为计时系统最基本的单位，我们选择的就是天文现象、天体运动、原子周期有规律的运动：以白天黑夜一个循环作为一日；地球自转的平均周期/86400为一秒；碱金属属铯133同位素（^{133}Cs）基态两个超精细能级之间跃迁辐射运动9192631770次为1秒，而不考察其他因素。这些因素与宇宙中存在的时间无关。

二、人为计时标准的原理和本质

人为计时标准，即原子时不与天文时发生关系，只是以原子有规律的辐射运动作为标准或单位，从而建立一套时间系统，然后强制人们共同遵守，并以此开展活动。它是人为制定的标准，与客观存在无关，是完全不以太阳光变化的自然现象和规律为标准建立的时间系统。

这里的时间系统同样不表示存在一种时间。它是假设火星还将继续围绕太阳运转，人类活动还将继续下去，人类的活动以规律运动（原子辐射）作标准，让大家共同认识和遵守这个标准，并以此安排个人行动和进行群体活动。

🔍 **重点内容**

没有自然变化现象和规律，使用人为标准时间将更科学

如果人类居住在没有自然变化现象和规律（昼夜交替、四季轮回）的地方，行动也无法参照自然变化现象和规律，使用人为标准时间系统将更科学，比如居住于地球深处，完全依靠照明技术生活，而不依赖昼夜变化、一年四季循环；人类乘坐太空船行驶在浩瀚的宇宙中，这种人为计时标准时间更科学。

因无须再去参照自然变化现象和规律,用作标准的运动物更稳定。

◎雅玛日历来源的两种可能

雅玛日历与地球的季节变化现象、规律没有关系，来源存在两种可能：

第一，雅玛日历不是以地球运动产生的光线变化过程、规律为标准建立的，可能是以其他星球的自然现象、规律为标准。

第二，雅玛日历采用的是雅玛人自己选定的某种有规律性运动作为时间标准，而未与天文现象发生联系。

第二种情况与目前的原子时不闰秒、将来过了若干年后与地球围绕太阳运转产生的季节、昼夜变化等自然现象、规律毫无关系相似。

人为制定的计时标准，只要成为约束群体的行动以及全群体依赖、认可的一个计时标准就行了，它的本质与客观存在的自然现象、规律无关。

三、时间的三种本质

本书探讨至此，时间已经有了三种本质。

1. 天文时

天文时最初是根据地球围绕太阳运动产生的昼夜变化过程、四季交替现象而来，然后由各国达成协议制定出格林尼治时间。它的本质是反映天体运动产生的自然变化过程、规律。

原子时是以原子的辐射运动作为标准，然后与天文时发生关系。它的本质是以某种规律运动与天文现象发生关联。

2. 人为标准时

原子时不与天文时发生关系，只是以原子有规律的辐射运动作为标准或单位，从而建立一套时间系统，然后强制人们共同遵守，并以此开展活动。它的本质是人为制定的标准，与客观存在的自然现象无关。（这种时间目前暂未实施，因为没有自然现象、规律作参照，使用起来非常不方便，只是一种理论存在，一般情况下，我们的讨论不包含这种意义上的时间。）

3. 宇宙中存在的时间

这是一种假设存在，认为宇宙中存在这种时间，并且无处不在，与宇宙同时诞生。究竟宇宙中是否存在时间，后面将对此问题展开讨论。

四、现代计时工具及本质

◎现代各种计时器

随着现代工业的日新月异，即使计时原理相同，但随着工艺和材料的进步，机械计时器比过去要准确得多，接着便出现了其他一些计时器。

第一只用电流来驱动的时钟是 1843 年发明的，但是后来真正具有重大发展意义的乃是石英晶体钟。这是利用了石英晶体的特性，当石英晶体开始作机械振动时，两个相对的晶面之间就产生了一种交流电位差。这是一种振动频率很高、可以用来控制驱动时钟的交流电的频率。这种时钟的精确率可以达到千万分之一，即石英钟（或石英表）每月误差仅 15 秒左右。[1]

由于石英表的发明，使日本精工舍公司占据了优势，因为石英表功能远超过机械表，精准度比机械表高出几十倍，成本却仅是机械表的 1%，所以日本精工舍公司充分利用这些优势，占有了 2/3 的钟表市场。之后石英电子表问世，传统的指针表盘式表面得到了保留。精工首创的石英电子表投放市场不久后，日本又推出显示式电子表，即全电子化的手表，打破了传统的指针式表盘设计，内部结构运用集成电路，不需要任何走动元件，并且走时更加准确。[2]

由于现代社会越来越强调相互合作，所以在时间上无论是强制手段或自觉遵守程度都比过去社会要强烈得多。

人们上班、下班、乘车甚至睡觉都必须按照时间来安排，每天的行动都必须用计时器来指导，所以人们逐渐忘记了钟表表示的本质，越来越感觉时间就是宇宙中一种存在或抽象的东西。

◎现代计时工具的本质

使用擒纵器运动、利用摆动周期、使用控制擒纵机的摆动以及手表系统的擒纵调速系统、石英晶体作机械振动、内部结构运用集成电路的电子化手表、利用铯原子射出光谱线的频率来提供引用频率等原理来计时的钟表，它们的共同点是：用有规律的运动与地球运转产生的太阳光的变化过程（一天）或四季变化（一年）发生某些联系，最终的结果是直接或间接反映昼夜变化过程或年的周而复始。

之前计时器表示的是太阳照射到地球什么位置，比如以树影为参照物，对树影划分刻度，只不过这种方式是粗略的。而现在的计时器所记录的能够非常准确地反映太阳光照射到地球什么位置了。

现代计时器的原理与最初以树影、山头为参照物来记录太阳光的变化过程是一样的，区别就在于后者比前者更准确。

现代计时器记录的并不是宇宙中存在的一种时间。

特别注意：这个过程是不能互逆的，人们会理解为：用计时器去测量地球围绕太阳运转需要多少秒、多少小时，以表明存在一种时间，或表明地球、太阳正是因为有时间才能运动。这种逆向认识是错误的，人们之所以几千年一直混淆了时间的本质，在很大程度上，产生这种逻辑错误的认识也是主要的，因为钟表等计时器制造之初本身就不是测量存在的时间的。

🔍 重点内容

钟表等计时器的运动规律是与地球围绕太阳公转或自转产生的太阳光变化过程发生某些联系，最终结果是直接或间接反映地球围绕太阳运转产生的太阳光的变化过程。

为什么不能互逆？因为反映和记录时间的钟表，它制造的依据是地球围绕太阳运转产生的太阳光变化的过程

（从白天到黑夜的变化过程）为 1 日、四季变化（地球围绕太阳转圈）为 1 年，所有钟表等计时器都是以规律的运动与 1 日或 1 年相吻合，是以 1 日或 1 年为标准的，所以钟表等计时器不能反过来去衡量这个标准是否准确，而只能尽量去与标准相吻合，做到自己准确。

就单件的计时器来说，它被制造出来的时候，也是以这种标准进行生产并达到合格标准的，而不能反过去去测量标准的准确性。

专题研究

计时器的单位选择

钟表计时器制造的单位标准有日、年，这些单位是自然界存在的规律现象，而以秒、分或小时为单位则难以找到稳定的有规律的自然现象作标准，因为秒、分、小时是人为规定的标准，难以把握。

在记录时间的单位中，以下为自然单位：

银河年、默冬章、年、季、月、日

以下为人为单位：

秒、分、刻、时、周、旬、年代、世纪、千年

制造钟表等计时器存在这样一个过程，必须有一个标准钟，供制造商以及以后的使用者作为标准核对。

最初钟表制作的依据应该是以日为单位，看是否与太阳光一天的变化过程相符合。

错误的做法及认识：用计时器去测量地球围绕太阳运转的过程，从而得出标准存在问题或错误的结论。

这种认识是建立在把每只钟、表等计时器看作了独立的测时器，认为钟表等就是测量时间的工具，并把测量所得时间看作了宇宙中的一种存在，然后人类制造出了钟表等计时器，并作为计量工具去测量它。

这种认识包含了两个错误：第一，认为时间是宇宙中的一种存在，人类应该想法或已经有了办法——用钟表等工具去测量它；第二，忽略了钟表等计时器最初的来源及反映、记录的本质。钟表等计时器本身不是测量宇宙中存在的时间，而是记录地球围绕太阳运转产生的太阳光变化过程，只是简称为时间，并且计时器是以此为标准制造出来的。

这与质量标准的制定是一样的，比如全世界制定了千克的标准，一千克标准物被置于一口钟形罩内，存放在国际计量局（该局位于巴黎附近的塞弗尔）。标准砝码一直被安置在法国（巴黎赛夫尔）一座城堡中的一个附加三层锁的保险箱里，很少公开展示。所有使用公制计量单位的国家全部依照它制定一千克的质量。

不能用以此标准制造的称量器反过来去称这个千克标准是否准确，只能用其他办法去衡量，而不能用以这个标准制造的衡器去衡量标准的准确性。

出现对时间错误的认识，还有一种原因：语义上的混淆。

最初时间反映的就是太阳光明暗变化过程（1日）、四季交替（1年）的周而复始，把这些现象简称为时间。但后来人们把一种宇宙中存在的时间也用这种简称来表达，再后来人们反而忽略了时间最初的本义而只把这个词理解成了存在时间的意义了。

其实从语言文字的准确性来说，应该对时间的语义进行准确的限定。宇宙中存在的时间不应该用时间这个词来表达，用"时光"（以后凡是宇宙中存在的时间，我们尽量用

"时光"来表达），这样人们就不会对时间的本质混淆不清了。

而钟表等计时器记录的时间，只是简称为时间，而不是存在于宇宙中的时间（时光）。

时间　反映地球围绕太阳运转产生的光线变化过程、规律

宇宙中存在的一种时间

人们谈到时间的时候，反而忘记了最初时间的本意，用到了后面时光的含义。

计时器依据的标准不同，记录和反映的时间本质就不同。

通过以上分析，我们得出：计时器依据的标准不一样，记录和反映的时间本质就不一样。

1. 以天文现象作为标准（天文时）来制造计时器

这种计时器记录和反映的时间本质是：地球围绕太阳运转产生的太阳光变化过程（从白天到黑夜）为 1 日、四季变化（地球围绕太阳转圈）为 1 年，简称为时间。

这类计时器有圭表、日晷以及以格林尼治时间为标准制造出的现代计时器。

2. 以原子辐射并关联天文现象作为标准（协调世界时）

这种计时器记录和反映的时间本质是：用有规律的运动与"昼夜"、年发生某种关系。

这类计时器有水漏、沙漏、蜡漏以及以协调世界时为标准制造的计时器。

3. 原子辐射运动作为标准（人为标准时）

这种计时器记录和反映的时间本质是：以原子有规律

的辐射运动作为标准或单位，从而建立一套时间系统，是人为制定的计时标准，与客观存在的自然现象、规律无关。

虽然这种时间系统由于采用连续计时，能给一些依赖时间精度高的科技领域带来很大方便，比如卫星定位、导航等，从而减少由于与天文时发生关系采取的闰秒带来的诸多不便，但因为不与自然现象发生关系，使用久了后，可能给人类带来很大不方便，因而未得到支持。

注释：

1. 埃尔顿（L.R.B.Elton），梅塞尔（H. Messei）. 时间的测定[J]. 现代外国哲学社会科学文摘，1992（5）.

2. 埃尔顿（L.R.B.Elton），梅塞尔（H.Messei）. 时间的测定[J]. 现代外国哲学社会科学文摘，1992（5）：11-14.

第七章　建立火星时间模型能更彻底弄清楚时间的本质

一、建立二种时间模型

建立一个火星时间模型就更能清楚和彻底明白时间的来源和本质。

人类如果准备移居火星，那么如何建立一套适用于火星的时间系统呢？

这与地球最初建立时间模型是一样的过程。

1. 第一种方案

以太阳光在火星上的变化过程作为标准来建立。

这样建立的时间系统可以利用太阳光的昼夜变化过程来安排人类的行动。

同样，我们约定在火星的一个位置为子午线（0°经线），最好以人类登上火星的点或以好奇号的着陆点确定子午线，这样更有意义。

同样采用划分时区的方法。目前用地球时间测量得知火星公转周期为 687 地球日，1.88 地球年（以下称年），或 66.6 火星日。平均 1 火星日为 1.027491251 地球日，即 24

小时 39 分 35.244 秒。

如果住到火星上，使用地球标准非常不方便，最好以火星的天文现象、规律为标准。

目前测量火星围绕太阳公转一圈需要 668 个白天黑夜，简称为 1 年，这是自然年，或称为历书年。

因为火星轨道也是不规则的，转 1 圈的长短也不一样，同样可以计算出回归年的长度。

最重要的是，先要找到制造计时器的标准，如果以年为标准来制造计时器，显然不方便使用或校正，最好以日为单位。

划分日的时候，不一定采取地球时间的划分法，就是 1 小时分为 60 份（分），1 分再分为 60 份（秒）。

可以将 1 日划分为 20 份（分），1 分再分为 20 份（秒）。

再用此标准制造出计时器，使它们有规律的运动与之吻合。

这样一个基本的火星时间系统就建立了，再用这个时间系统来强制人们遵守并主动执行。

同样，可用时区来反映昼夜在火星上各地的变化过程。

以上的时间系统同样是一个不精细的系统，因为火星运转的天（一次白天黑夜的循环）长短不一样，可以用其他方法（原子运动等）测量得到。然后再对日重新确定，再用重新确定的日作为标准来制造计时器。

注意：这个过程同样不能互逆，不能用此标准制造的计时器反过去测量用作标准的时间，然后做出判断标准是否正确，只能用其他方法测量得到结果，然后去修改标准。此问题前面已经有讨论。

重点内容

火星时间的原理、本质

　　火星时间同样反映的是火星自转与公转形成太阳光变化的过程，以便生活在火星上的人能够利用太阳光的变化安排行动，并且以此作为安排活动的标准。比如知道8点太阳照射到火星什么位置，12点是什么位置，同样使用到后来，大家可能只知道"抽象的数字点、分"，而忘记了它表示的本意是太阳照射到火星什么位置了，从而忽略了时间的原理和本质，不了解这只是一种计时"时间"。

　　火星时间包含的内涵与目前地球使用的计时时间一样，反映太阳光在火星上的变化过程；个人更好地利用太阳光安排行动；群体以此为标准利用太阳光安排群体活动。

　　同样火星时间只是一种简称，并不涉及宇宙中存在的一种时间。

　　2. 第二种方案

　　先约定秒的标准：1秒为碱金属铯133同位素（^{133}Cs）基态两个超精细能级之间跃迁辐射运动1次。这种约定不与地球时发生关系，因为地球时是以^{133}Cs"振动"9192631770次等于地球平均日长/86400为1秒，而本时间系统是以跃迁辐射运动1次为1秒，也没有与火星天文现象相关联。

　　然后依次制定出分、刻、小时、天、月、年等单位，全部采用100进制。

　　1分=100秒；1刻=100分；1小时=100刻

　　1天=100小时；1月=100天；1年=100月

并以人类在火星登陆开始计时为：0 年 0 月 0 日 0 时 0 刻 0 分 0 秒，制定出计时标准。

再以此作为标准，制造出各种计时器，规定人类在火星上的行动，以此为标准进行聚集、上下班等公共活动。

人类往返地球、进入太空也以此标准计时，这样建立起来的火星时间标准同样能够满足人类作为时间的需要。

二、与外星人交流，如何交流时间问题

人们一直在思考，假如外星人访问地球，如何与他们交流？本书旨在探讨时间问题，因此我们不妨提出，假如遇到外星人，如何交流时间问题？

如果用目前抽象的计时系统，说明我们地球是多少年多少月、多少日，这个肯定无法交流，因为这种计时系统已经被抽象化、数字化了，并且时间单位是人为规定的，只有人类自己才搞得懂。

但是，如果我们用自然现象来交流，就有可能方便与外星人沟通，而且这可能是与外星人交流的最好题材。

人们一直在思考，当首次见到外星文明时用什么交流最好，而交流天文现象的变化规律是比较好的题材，因为这是不同星球共同发生的现象。当然在这里是另外的话题。

地球上原始人也可能遇到过最初的时间交流问题，如果用以漏刻为标准建立的时间与别人交流，比如说经过了多少漏刻了，别人就无法明白。但如果以太阳光产生的昼夜变化过程或四季轮回现象交流，比如这样表达：我们那里经过了多少次季节变化，多少个白天黑夜，这样的话题和表达，在没有时间系统的情况下，即使初次交流彼此也能容易明白。

假设在太阳系外，用箭头指出太阳系外，把银河系星像图标出，或者用箭头再指向银河系外，只要是高等生命到达另外的星球，就必须搞清楚所处星球的运转规律、原理，这是必要条件。所以星际的运转现象是交流最好的形式。

假设是在太阳系内的外星人，首先画出太阳系的星球运动图，再用箭头标明地球人所在的星球；接着画出地球围绕太阳转圈图，并用明暗来标明白天与黑夜；再画出地球围绕太阳公转圈图，并画出365个白天黑夜的地球，用箭头示意地球围绕太阳要变化365次。

这种简单的交流应该是可行的。

太阳系内星际文明初次交流时间的示意图见图7-1、图7-2、图7-3。

图 7-1　太阳系的星球运动图
（箭头标明地球人所处的星球）

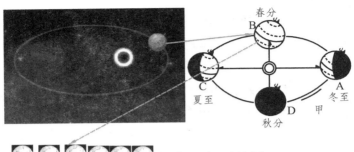

（画出365个，这里略）

图 7-2 地球围绕太阳转圈产生 365 个白天图

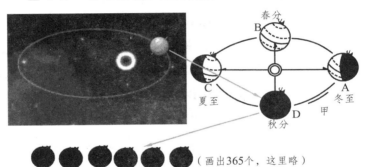

（画出365个，这里略）

图 7-3 地球围绕太阳转圈产生 365 个黑夜图

第八章 日历（纪年）表示的时间意义及万物的生长、衰老过程与日历的关系

一、为什么要建立日历（纪年）

首先考虑下面的问题，人类为什么要建立日历？为什么要用纪年来表达时间？用日、月、年建立的日历对人类有什么作用？前面讨论了人类建立计时系统并制造出计时器，是用来更好地安排个人的行动以及群体活动。

只要有了时间系统和计时器就已经能够满足人类的需要，为什么还要用日、月、年建立日历呢？

年、月、日都是自然规律，后来随着科技的发展，认识到它们是天体运动的结果。由于昼夜变化过程非常有规律，对日的认识要简单得多。而年、月形成的自然现象并非像"日"那么简单和明显，所以人类对年、月的认识经历了相当长的时间。

人们常说：活了多少岁？树木生长了多少年？

×年×月×日×小×时×分×秒发生了何事？

公元前×年×月×日谁去世了？

将在×年×月×日×小时举办什么活动？

以上列举出很多地方都要用到年、月、日、小时、分、秒这种时间的记录。

　　它们表示的时间意义是什么呢？

　　前面探讨了时间的来源、原理、本质，那么×年×月×日×小×时×分×秒，以及日历、纪年这些时间概念和单位是怎样得来的？它们与前面探讨的时间有什么关系呢？

　　假如我们去亚马逊原始丛林与很少同外界交往的部落里的人交谈，问：你活了多少岁？你是哪年哪月哪日出生的？或者向居住在我国偏远地方且没有上过学的老年人问同样的问题，结果会发现他们很难回答这些问题，因为他们从来没有接触过人类的日历。

　　笔者在小的时候，别人问 80 多岁的奶奶这些问题时，她也无法给别人准确的回答，但她是这样与别人交流的：

　　问：你活了多少岁？

　　奶奶：我也不知道，但我出生的时候，门前那棵柏树还是一棵小树，小树才那么点高，你们看现在这棵树长得好高了，我就活了这么多年了。

　　问：你是×年×月×日出生的？

　　奶奶：我出生那年还是光绪皇帝，后来听说又是宣统皇帝，过了民国，现在是新社会，我也不知道是哪年出生的。

　　其实这是对日历最原始的用法。

重点内容

特别注意

　　日历绝非用来度量宇宙中存在的时间的！一种观点认

为，人们用日历来度量宇宙中存在的时间的长短。

下面将详细讨论日历的来源、本质。

二、日历的来源

（1）对用钟表等计时器记录时间的累加。

（2）找到了年、月、日的关系，并把三者联系起来构成日历。

后来随着天文技术的发展，人们找到了地球公转、自转一圈和月球围绕地球运转一圈的关系式：

地球围绕太阳公转一圈=365个白昼

月球围绕地球运转一圈=30个明暗夜晚

再加上人为规定的一些计时单位和进制：

1天=24小时；1小时=60分；1分=60秒

这样就形成了完整的日历系统。

很显然，这个日历系统是根据前面讨论的时间系统而来，它的本质是记录地球围绕太阳运转、月球围绕地球运转产生的光线强弱和明暗变化的过程，它并不是表示宇宙中存在的一种时间。

其实日历可以不与年、月发生关系，只对天数进行累加。但人们安排生产的时候，还要与月、年结合起来，利用太阳光变化产生的四季差别、四季轮回，甚至细分到依据每月的差别来安排农业生产；有时人类的活动、生产与月亮产生的光线变化过程和规律也有关，这样就要求人们掌握这种变化过程和规律，并作为计时系统的单位。

加入年、月的日历，主要是与农业生产、气候转变、气温变化结合起来。如果不考虑这个因素，用日累计的日历就可以了。

三、日历的发展历程

◎年、月的来历

日历与前面计时系统的来源一样，都经过了复杂的发展过程。日历的发展经过了以下的过程：

最初从观察自然现象的变化过程、规律——→得到日历反过来又去研究这种自然现象变化过程、规律的本质——→促进记录日历更加准确。

人们最初对日的感受是最强烈的，因为每天都要与此现象打交道，并利用此现象来安排行动，所以最初建立的时间单位是"日"。

后来逐渐认识到了四季轮回的"年"，以及月光有规律变化的"月"；再后来，人们认识到了这是天文现象并测量到了这些天体运行的规律。

用年、月、日累加作为日历，经历了长时间的发展，人们需要逐渐找到这种规律，然后才能够对这些有规律的运动累加计数，并能把三者准确地联系起来。

◎年、月经过了漫长发展

地球绕太阳公转一圈的过程，四季轮回一次，简称为1年。月球围绕地球公转一圈的过程，简称为1月，同时也会产生很多自然现象，而且这种运转一直在有规律地循环着。目前对于人类来说，这种规律已经是常识并为人类共知。但是在过去相当长的时间，人类对此并不知道，并经过了漫长的岁月。

◎中国古代对年、月的认识

中国对年、月的认识和记录方法经历了漫长的年代。上古时期，生存是原始人首先需要应对的头等大事，如何填饱肚子、不受猛兽的侵袭才是他们最关心的。对于时间，最初只知道太阳光的强弱、明暗变化，昼夜循环感受强烈，而对于年、月的概念则不强，只能被动地适应周围环境，过着"寒暑不知年"的原始生活。

随着生存能力的不断增强，人类从以简单的采集和挖掘为生发展到从事农牧业生产，由为生存而被动地劳动转变为主动地、有目的地劳动。古代先民在长期的生产和生活实践中，在头脑中逐渐形成了一些周期性自然现象概念，如月亮的圆缺变化、星辰的隐现、野兽出没的规律、植物成熟的时节以及寒来暑往等。正是凭借这些自然现象，对年、月、春、夏、秋、冬等概念有了一些模糊的认识。

在上古时期，古人对"四季轮回——1年"的了解也不准确，划分还比较简略，起初只有春、秋两季，这与当时人们对气候的感受及谋生的活动相关。从气候上讲，寒来暑往，不断交替的气候变化，很容易使人们产生寒暑二时的经验，《周易·系辞下》就有"寒暑相推而岁成焉"[1] 的记载。从谋生活动看，人们在采集与农作生产的生活形态下产生出春、秋二季的时节划分。"春""秋"二字的古字形义都与植物或农作物相关，植物的春生秋死、农作物的春种秋收，都强化着人们的季节观念。在春秋二季观念产生以后很长时间才出现冬夏观念，后来慢慢才有了四季的划分。

春、夏、秋、冬在一些古籍中多用来表示发生的时间，如《春秋经传》多此类记载：文公十六年"春，王正月及齐平。""夏，五月，公四不视朔。""秋，八月辛未，声姜薨。""冬，十一月甲寅，宋昭公将田孟诸。"[2]其中的"春""夏""秋""冬"指的即为时令季节和天气感受，并非今天作为轮回一个周期——1年和连续的季节划分。[3]

对于年的认识和记录，不同地方采取不同的方法，而非准确的四季轮回。

据《台湾府志·番俗通考》记载，我国台湾省有的民族，曾经是"无年岁，不辨四时，以刺桐花开为一度"。[4]徐梦莘《三朝北盟会编》和洪皓《松漠纪闻》则载有以"青草纪时"，以青草一次为一年。藏族在文成公主入藏之前，也流行着"侯草木记岁"的习俗。

上述纪年方法，与这些民族以畜牧为主的生活实践有直接的关系。我国吉林省松花江流域的赫哲族，长期以捕鱼为生，他们过去计算年岁的方法更为奇特，以吃大马哈鱼一次为一年。这种鱼每年定时从海入江，如果一个人年已六十，在报年龄时就会说吃过六十次大马哈鱼。[3]

另外，人们还通过对不同动植物生理节律的把握来表示一年的时间，比如通过对树轮的辨认来记载年。

在历法确立以前，我国古代经历了一个漫长的"观象授时"年代。观象授时是一种通过自然现象观测来安排一年季节与月份的方法，而非准确的天体运动的天文规律。

在历法知识尚不完备的条件下，这是人们观天计时、知时的重要方法。他们凭靠观测天象、物象、气象三种方式来分辨时间，然后以此记录时间。

天象，即日、月、星辰的运行规律。通过观测日、月、星辰的位置变化来掌握它们的运行规律，从而计量和安排年、月以及四季。"观天授时"在《诗经》中有多处记载，如"七月流火""三星在户""嘒彼小星，三五在东"等。[5]

（1）观月相，即根据月亮与地球、太阳相互位置的变化来计时，例如，以初见新月作为前月的结束与下月的开始等。

（2）观星辰，依据星辰运行规律来计时的方法主要有：观中星，即在特定时刻（一般是黄昏和黎明）观测中天的亮星，由于太阳运动，不同季节和月份的中星各不相。

物象，即动植物顺应节气而发生变化的现象规律。在"不数日月，不知四时"的时代，人们可以通过一些动植物的自然周期来纪年、纪月。

关于用植物的自然周期来纪月的记载见于清马骕《绎史》卷九《田球子》："尧为天子，莫荚生于庭。帝为成历。"[6]所谓莫荚，是传说中生长于唐尧时期的一种植物，它的特点就是从朔望月的每月初一开始，每天长出 1 荚，到第 15 日，共长出 15 荚，从第 16 日开始，又每天落下 1 荚，到月底全部落完。若逢小月，最后 1 荚只会枯萎而不落下。因此，它相当于一种天然日历。

在古籍《大戴礼记·夏小正》中，已经有了丰富的观测物象描绘月的记述：

正月，雁向北飞，鱼儿上浮，田鼠出洞，桃树开花；

二月，开始种黍，羊儿产羔，韭菜发芽，昆虫蠢动；

三月，桑叶萌发，杨柳抽枝；

四月，杏树结果，沟河田间有蛙鸣；

五月，杜鹃啼，蝉儿叫，夏瓜结果；

六月，桃子熟了，小鹰正学飞；

七月，雨季到来，苇子长成了；

八月，瓜熟季节，枣儿也下来了；

九月，大雁南迁，菊花盛开，鸟兽准备过冬；

十月，乌鸦乱飞，准备狩猎；

十一月，鹿角秃了，狩猎开始；

十二月，昆虫潜入地下，莺鸟在天上飞鸣……[7]

在先秦与汉初的节令著作中，一般都有这类以不同动植物的生理节律来指示每月及一年的内容，而且每月之下所列的物候不止一种，大有诸象相参之意。

气象，即风雨雷电等气象变化所显示的规律，人们通过对气象规律的掌握来把握时间，如在《大戴礼·夏小正》《小戴礼·月令》《诗经》及《淮南子·时则训》中多次出现各月份气象变化的夏历，记载如下：

一月始雨水，雷乃发声；

二月虹始见，下水上腾；

四月小暑至；

五月温风始至，大雨时行；

六月凉风至，白露降；

七月雷始收声，水始涸；

八月霜始降；

九月水始冰，地始冻、虹藏不见；

十月冰益壮，地始坼；

十一月冰方盛，水泽腹坚；

十二月东风解冻，天气下降，地气上腾……[8]

古人就是通过观天象、物象和气象这三种方法来观象，然后以此记录年、月的。

应该说，最早的观象授时是通过观测物象和气象来完成的，因为物象、气象对大家的生产和生活比天象有着更为直接和更切身的利害关系。至今在民间流传的许多农用谚语，就是古代人民观测物象和气象的经验总结，如元代娄元礼编撰的《田家五行》记有："鸦浴风，鹊浴雨，八哥儿洗浴断风雨。鸿鸣有还声者，主晴；无还声者，主雨。海燕忽成群而来，主风雨。"[9]但是，古代的物象、天象观察一般比较粗疏，加之气候变迁，所以即使是同一地区，物候现象也因时而异，不能全面适应农牧业发展的需要，这就促使古人慢慢学会利用天象授时，天象逐渐成为最主要的观测方法。[3]

在历法发展基本完备后，观象授时的方法渐渐失去了最初的作用，而其中所包含的观测手段反过来成为人们验证历法及调整历法的重要方法。

◎随着天文学的发展，人们对年、月有了更准确的认识

随着天文学的发展，人类逐渐认识到一些自然规律的发生是天体运动造成的，并能够准确地测量出天体的运动周期及规律，于是就直接用天体运动周期规律来记录年、月，而不再采用自然现象。

用地球绕太阳公转 1 圈的过程记为 1 年，月球绕地球

公转 1 圈的过程记为 1 月。

由于地球是椭圆形的，绕太阳自转形成昼夜的周期不一样，于是用其他天体相互运动的规律来准确地测量出地球绕太阳自转形成的昼夜平均数（真太阳日），并且还可准确地测算出它们之间的关系：

1 年 =365 日 5 小时 48 分 46 秒（回归年）

1 年 =12 月

1 月 =30 日或 31 日

由月亮绕着地球旋转和地球绕着太阳旋转所形成的三个明显周期数并不是简单地相关联，于是采取闰年、闰月的方法来平衡它们之间的关系。

人们通过对地球绕太阳旋转的时间同其他行星系的周期运动（诸如月亮绕地球旋转的时间，水星、金星和地球绕太阳旋转的时间）进行比较，发现地球的旋转周期并不是永恒不变的，即便是太阳日的时间长短也不是永恒不变的。为了把它同一年有 365 天的历年区别开来，就把它称为回归年，其时间是 365.242199 个太阳日，这两个数字之间的差别说明了为什么有必要规定闰年。回归年的时间被称为历书时间。根据希腊对历法一词所下的定义（以秒为时间单位），回归年等于 31556925.9747 秒。[10]

公元 16 世纪前，欧洲的天文学一直处于缓慢发展阶段，从 2 世纪到 16 世纪的 1000 多年，几乎处于停滞状态。在此期间，我国的天文学得到了稳步发展，取得了辉煌成就，在时间计量方面更是取得了骄人的成绩。大约在四千多年前，出现了迄今为止所知道的最古老的天文仪器——表，后来与"圭"共同组成"圭表"，用来测定回归年的长度。随着我国天文学的不断发展，历代天文学家对回归年长度测定精度逐步提高，至南宋天文学家杨忠辅制定统天历时，得出一回归年为 365.2425 日，与理论值只差 22 秒，欧洲采用这一数值比中国晚了四百年。明代邢云路于 1608年测得一回归年为 365.242190 日，比今测值只差 0.00027日，领先于当时欧洲天文学。[3]

◎世界各国的纪年方法

纪年和历法不统一也是一件麻烦事。在全球化以前，处在不同文明中的人们使用各自的纪年方式和历法来计算日期，偶尔交往不会特别在意时间观念上的差异。但是当交往越来越密切时，这种差异引起的不便、不适就无法回避了。到 18 世纪中叶，欧洲各国基本上改用格列高利历，但信奉东正教的俄国人一直使用儒略历。由于这两种历法日期误差很大，所以当俄国人与其他欧洲国家的商人签贸易协议就得写两个日期。

长期以来，让人们感到烦恼的一个问题就是如何获得一种简单而有效的历法。在某种程度上历法受许多文明的影响，而且现在仍保留着他们影响的痕迹。这些影响包括中国人、巴比伦人、埃及人、罗马人、基督教徒和其文明，无疑留下了一个混乱的历法制度。

我国古代纪年法主要有六种：① 王公即位年次纪年法；② 年号纪年法；③ 干支纪年法；④ 年号干支兼用法；⑤ 星岁纪年法；⑥ 生肖纪年法。中国古代主要用皇帝的年号纪年。

世界其他纪年方法，在西亚地区，古代巴比伦王国使用纳波纳沙尔纪年，又称巴比伦纪年，是以第四王朝国王纳波纳沙尔登基的公元前747年为纪元，记述古代东方、希腊史常用此纪年。

古代希腊曾使用希腊纪年，以公元前5598年为纪元，它来自所谓的世界创始神话。

古罗马兴起之后，占有地中海沿岸广大地区，通行罗马纪年，以创建罗马城的公元前753年为纪元。

中世纪后期，中美洲印第安人建立的马亚（或玛雅）王国在西班牙殖民者入侵下灭亡。马亚王国采用马亚纪年，以传说世界大洪水第一次结束的公元前3373年为纪元。

穆罕默德在阿拉伯地区创立了伊斯兰教，后来建立了阿拉伯帝国，他们采用的是伊斯兰纪年，以穆罕默德出走的公元622年为纪元。伊斯兰教使用的是纯太阴历，全年仅354日（闰年多1日），需经33年才合32个回归年，与其他纪年的换算也较复杂。

在伊朗地区也通行伊斯兰纪年，但使用的是伊斯兰太阳历，年长的平均值接近于回归年。

在印度，推算天文历法时采用诃利纪年，以公元前3102年为纪元。

在婆罗门教衰落之后，佛教代之而兴。在佛教小乘教派流行的东南亚地区，使用佛教纪年，又称菩提（意为觉道）纪年，以释迦牟尼80岁去世的公元前543年为纪元。

其他东南亚各国采用的是塞种纪年，又称大历纪年。相对而言的小历纪年是伽车般车纪年，在缅甸又称缅甸纪年，以蒲甘王朝布婆修罗汉下令修改历法的公元638年为纪元，而在泰国、柬埔寨等地区又称为祖腊纪年。

日本明治维新后，流行开国纪年。以第一代天皇神武天皇即位的公元前 660 年为纪元。日本在大化改新时学习中国，使用年号纪年，至今仍在使用。2013 年就是平成 25 年，可以简写为 H.25（平成的假名是へいせい，へ位于五十音图的 H 行）。

中国古代开始有确切的纪年是西周共和元年，即公元前 841 年。中国近代资产阶级革命派推行黄帝纪年，但推算的纪元年份并不一致。

◎全世界采用的公元纪年法来历

目前，全世界普遍采用的是公元纪年法，公元是"公历纪元"的简称，是国际通行的纪年体系。以耶稣基督的生年为公历元年（相当于中国西汉平帝元年）。公元常以 A.D（拉丁文 Anno Domini 的缩写，意为"主的生年"）表示，公元前则以 B.C（英文 Before Christ 的缩写，意为"基督以前"）表示。

公元纪年法以基督教创始人耶稣诞生之年算起。罗马帝国统治者戴克里先称帝时，基督教僧侣狄安尼西为了首先推算戴克里先纪元 248 年的"复活节"日期，提出了耶稣诞生在戴克里先纪元 284 年前的说法，他竭力主张之后的纪年应以耶稣诞生年作为纪元。这种主张得到教会的全力支持，故戴克里先的纪元 248 年就变成耶稣诞生纪年的 532 年，这种新的纪年法首先在教会中使用。15 世纪中期，又在罗马教会所公布的文件中普遍采用，到 1582 年公布的格列高利历中再次采用。久而久之，现行的公元纪年法的"公元"，就是狄安尼西制定的耶稣诞生的年份了。由此可知，从公元 532 年起是公元纪年的开始。目前，在西方各国流行的有两个节日：圣诞节（耶稣诞生的日子）确定为公历 12 月 25 日；复活节（纪念耶稣死而复活的日子）确定为每年春分月圆时的第一个星期日。[11]

它的推广过程经历了较长时间。早期的进程与宗教的关系比较密切，无论是接受它的还是抵制它的，皆因宗教、政治立场的不同而表现出不同的态度。但是，随着世界联系的不断密切，在对待格列高利历法的问题上，宗教因素越来越淡，人们更注重于时间的精确性和时间标准趋同在全球交往中的便利和实用性。

特别随着全球化的发展，世界各国交往更加密切、广泛，卷入交往的人越来越多，海上运输更加繁忙，而铁路的开通和路网的迅速扩展，使人类历史进入到大众旅行的时代。但是，无论是海上航行，还是铁路交通，由于日历不统一，人们在享受更快捷、更远距离旅行的同时，也饱受了日历混乱所带来的不便。

在教皇格列高利十三世进行历法改革以前，基督教世界采用的历法是儒略历。公元 325 年，在尼西亚宗教会议上，整个基督教世界将 3 月 21 日或者在 3 月 21 日后的第一个圆月之后的第一个星期日确定为复活节。但是，儒略历的时间误差较大，根据该历法计算得到的时间每年要多 11 分钟。为此，教皇格列高利十三世在 1582 年进行了历法改革。新的历法纠正了儒略历的错误，使日期计算更加精确。但是，放在 16—17 世纪欧洲正在发生宗教改革和反宗教改革的背景下，由教皇主持的历法改革首先具有宗教意义，这导致格列高利历起初只能应用于天主教世界，信奉新教的国家则长期抵制罗马教廷主持修订的历法。到 17 世纪末，新教国家的历法改革引起了关注，因为在儒略历中，1700 年是一个闰年，但在格列高利历中却不是，致使两者相差的时间从 10 天一下子扩大到 11 天。这一情形直接促使一些新教国家放弃儒略历而改用格列高利历。到 17—18 世纪，格列高利历在基督教世界的推广已成大势所趋，挪威、丹麦、所有德意志地区和荷兰的新教国家纷纷接受该历法。英国晚至 1752 年也采用了格列高利历，其历法改革法案影响广泛。从此，格列高利历不仅适用于整个大不列颠，也适用于其殖民地和自治领。到 19 世纪末，格列高利历已成为基督教世界的历法，并通行于美洲、非洲、亚洲和大洋洲的欧洲殖民地。[12]

从 19 世纪 70 年代起，格列高利历的影响扩大到非基督教世界。1873 年和 1875 年，日本和埃及成为最早接受格列高利历的非基督教国家。随后，阿尔巴尼亚和中国（1912 年）、保加利亚（1916 年）、爱沙尼亚（1917 年）、俄国（1918 年）、南斯拉夫（1919 年）、希腊（1924 年）、土耳其（1925 年）等国家也陆续采用。就这样，格列高利历从一部"地方性"的天主教历法，逐渐变为一部世界通用的"公历"。[12]

中国辛亥革命后采用"中华民国"纪年，以公元 1912 年为纪元，在此之前，中国一直使用阴历，并采用干支纪年、年号纪年等纪年方式。甲午战争、辛丑条约、辛亥革命等重要历史事件，我们都能说出它们的阳历年份，但要说乾隆二十三年是阳历的哪一年，一般人就很难说准了。

 选读资料

为什么要闰年，它的本质是什么？

若不闰年，在初期不会怎样，可是逐渐地，日历年将与太阳年变得不同步。这是因为我们的日历年通常大约有 365 天，但实际上地球围绕太阳运转时需要 365 天 5 小时 48 分 46 秒才能经历整个四季。

每年日历年都要比太阳年短大约 1/4 日。逐渐地，1 月 1 日将在冬季的更早时候到来，然后在秋季到来。大约在 780 年后，元旦将与夏至碰在一起。

如果从来没有闰年，那么 2016 年 2 月 25 日将是 2017 年 7 月 11 日。

每年大约有 365.2422 天，地球自转也在变慢，这个数字还在逐渐变小。

这样就有了闰年和 2 月 29 日这个闰日。

太阳年额外的 0.2422 日和日历年额外的 0.25 日之间的差异相当于 11 分 14 秒。

4 年后，二者差了大约 45 分钟；大约 125 年后，二者差了一整天。

罗马儒略历保持 1600 年未变，最后在 16 世纪 70 年代中期，教皇格列高利十三世相信，必须采取些行动，否则日期偏差得太大，都难以跟踪假期了，尤其是复活节。因此，他组织了一场历法改革，目的是弄清复活节和其他所有日子——真实准确的时间。

历法改革委员会确认，罗马儒略历太过频繁地加入闰日。实际上，他们算出，他们差了 10 天。

委员会建议，从日历上减去这 10 天，并给闰年制度增加一条规定，即每 400 年中要减少 3 个闰年。

如果年份是整百数的，必须是 400 的倍数才是闰年。这就是为什么 2000 年是闰年，但 1900、1800 和 1700 年就不是。如果格列高利历在今后 84 年保持不变，那么 2100 年就不会加入闰日。

现在不是把秒定义为一天的几分之几，而是用计算机计算铯原子的振荡次数：9192631770 次振荡等于 1 秒，这要比跟踪地球围绕太阳的运动精确得多。

不过这并未完全简化日历，因为每月的天数仍在 30 和 31 天之间（或在 28 和 29 天之间）交错。

四、日历的本质

概括地说，日历记录和反映的是自然现象的变化过程、规律。

日历记录和反映的是地球围绕太阳运转产生的太阳光变化过程（年、日）的次数累加和月球围绕地球运转产生的月亮光变化过程（月）的次数累加，并确定了这三者的关系：

1 年≈365 日

1 月≈30 日

1 年=12 月

表示地球围绕太阳自转与公转了多少圈可以记为多少天或多少年，表示月球围绕地球运转了多少圈记为多少月。

一方面，人们用此来作为计时系统；另一方面，人们又利用这种自然规律来安排当前或未来的农业生产、生活行动、未来计划等。

日历并非用于度量宇宙中存在的时间。

如日历记录为某年某月某日某小时某分某秒，表示的本质是，地球已经运转了多少圈（年），月亮运转了多少圈（月），太阳照射到某个地方的位置（日）（加上时区，能准确太阳光照射经度的位置），再对太阳光的照射位置细分到小时、分、秒。

这种日历表示的意义并非去度量宇宙中存在的时间。

五、日历与万物生长、衰老、死亡过程的关系

1. 借用日历作为标尺来衡量事物存在的过程或表示事物存在的状态

（1）其本质是借用稳定的、有规律的运动。

借用稳定的、有规律的自然现象的变化过程作为标尺来衡量事物存在过程或表示事物存在的状态，这是日历作为时间的另一种功能，这种时间的作用已经作了延伸。

人类需要用有规律的运动来衡量事物存在、运动、变化的过程或表示事物存在的状态。

日历的本质就是记录和反映有规律的运动，而这种作用相当于标尺的衡量作用，就像人类要用一个标准长度，然后用此去度量得到其他事物的长度一样，只不过长度无论作为标准或所度量的事物是固定的，而日历无论作为标准或所度量的事物却是运动的，比如人活了多少岁？某件东西存在了多久？何时曾经在某地发生了何事？

　　实质上，它们是借用日历来作为标尺衡量或表示某种事物存在的状态。

专题研究

人活了多少岁，已经过了多少年的日历意义

　　人类非常关心这个问题，因为这与人的存在紧密相关，有的人想长生不老，这当然是通过活的岁数来体现的。人的岁数越大，当然就表示活得越久，而"岁数"只是一个数字而已，在不清楚日历本质的时候，很多人把它看作是影响人生长、衰老、死亡的主要因素，认为宇宙中存在一种影响人岁数的物质，反过来体现在人活的岁数上。

　　然而岁数只是用日历作标尺，衡量人生存、存在过程所得的结果，就是借用地球围绕太阳运转、月球围绕地球运转产生的有规律自然变化的过程作为标尺，更具体地说，是借用有规律的运动作标尺来衡量人从生长、衰老到死亡这一过程，然后得到一个数字。

　　在人类没有搞清地球围绕太阳公转的原理的时候，也无法用此来衡量自己活了多少年，但是季节的变化大致相同，可能那时的人以季节的周而复始作为一个循环来感知岁月的情况，或以其他方式来感知。

　　比如，在笔者小的时候没有钟表，奶奶就以门前的树的生长来感知岁月的变化，说那棵树又长高了好多，用她小时候有多高来比较经过了多少岁月。

　　当然它的本质也是借用某种有规律的运动作标尺来衡量她的生长、存在过程。只不过这棵树的生长（运动）并不是非常规律，而且这种标尺并不像时间那样为普通人知道和

接受，只有她和少数目睹了那棵树的人知道。

（2）用日历作为标准，容易得到大家的认可和理解。

用日历来衡量的原因是：

第一，日历的本质是有规律的运动，它本身是地球围绕太阳运转形成的光线变化过程，且这种变化非常稳定和规律。

第二，用日历作为标准，容易得到大家的认可和理解，因为随着群居及国家的建立，日历属于计时系统，作为计时系统的时间是强制标准，让每个人认可并执行。

（3）完全可以不借用日历，而用其他有规律运动作为标尺。

另外，完全可以不借用表示自然变化的日历系统，而用其他有规律运动作为标尺来衡量另外事物的存在、运动、变化的过程，比如用有规律运动的原子辐射运动的次数或者水漏，它们同样不与时间发生关系，只借用它们有规律的运动，前者比后者更准确和稳定。

可以这样表示：在原子辐射运动到多少次，曾经在某地发生了何事；某人活了原子辐射运动了多少次（或某人活的岁数=原子辐射运动了多少次）；某件东西存在了原子辐射运动了多少次。

只不过这种标准目前很多人没有认可，让人难以理解，而实质上这种衡量的原理或表示存在的状态与用日历是一样的。

再有，借用作为标尺的日历可以没有"年""月"这种日历单位，而只用"日"的次数累加作为日历就能达到这种功能，比如人活了多久？某件东西存在了多久？可用：活了×天，东西存在了×天来作为标尺也能表示事物存在的过程。但借用加上年、月的日历来做标尺，能更方便表示。

（4）借用日历来表示事物存在的状态有时是附加的。

有时记录、描述某件事的存在状态可以不与时间联系，只描述发生的地点，但加上时间，对发生的事描述更加清楚，而日历表示的时间意义正好能达到这种效果和功能，所以借用起来能够更准确表达事物存在的状态。

长此以往人们对事件的描述会习惯性地联想到时间并增加这个要素，特别是有了时间标准的时候，将事件与时间联系上，表达才更准确。

有时记录、描述某件事要强调发生的时间，比如问：那件事什么时候发生的？回答：刚才吃饭的时候，太阳落山的时候。"吃饭""太阳落山"，就是发生的这件事的标尺。

如用日历准确回答是：×年×月×日　9点钟的时候发生的。这样大家更明白表示的时间意义，这样表达也更准确。

即用大家认可的时间作标尺，对事件的表达会更准确。

2. 日历也被借用来对某种事物生存、存在、死亡的先后次序进行比较，也有标尺作用

某人生于 1978 年，某人生于 1923 年，得出结论：后者比前者先出生 55 年。

汽车 8 月 27 日到达，火车 6 月 3 日到达，得出结论：后者比前者先到达。

这是日历被借用来对比事物生存、存在的先后次序。

六、抽象成数字表示的日历本质及必须与发生的事结合起来才能让人明白对应的时间

◎用抽象化的数字记录的日历反映的本质是什么呢？

假设地球自转、围绕太阳公转（对应的月球绕地球运转）的某个点为起点，那个点为 0 年 0 月 0 日（加上人为划分的 0 小时 0 分 0 秒），地球绕太阳公转一圈后记为 1 年，转二圈后就记为 2 年，以此累加；地球自转形成的从黑夜到白天（也可以规定从白天到黑夜）的变化记为 1 天，以此累加。并有如下关系式：

1 年=365 天

1 天=24 小时

1 年=12 月

1 月=30 或 31 天

现代公历是假定耶稣出生时为 0 年 0 月 0 日 0 小时 0 分 0 秒，然后以此点作为地球自转、围绕太阳公转的起点，地球绕太阳公转一圈后就记为 1 年，转二圈后就记为 2 年，以此累加，地球自转形成的从黑夜到白天（也可以规定从白天到黑夜）的变化记为 1 天，以此累加。

到目前地球绕太阳公转了 2016 圈或地球自转形成了 735840 个白天黑夜（以 2016 年 1 月 1 日计算）。

要记住：这种计算的数字是假设所得，因为假设以耶稣出生时为 0 年 0 月 0 日 0 小时 0 分 0 秒，其实也可以假设以其他事件或人物出生时为 0 年 0 月 0 日 0 小时 0 分 0

秒，并以此为起点，然后对地球自转、围绕太阳公转的圈数实行累加。

目前全世界日历用数字表示的本质就是如此。

作为起点是可以任意假设的，因为地球围绕太阳公转与自转的起点无法确定，已经转了多少圈也无法确定，所以可以任意假设转圈的起点。

那起点以前的日历数字怎样表达、本质是什么呢？

假设了转圈起点，起点以前地球公转与自转的圈数，公历记为公元前。

它的本质是：以起点为标准，以后转的圈数累加计数，称为公元后×年×月×日（小时、分、秒省略），而以前地球公转与自转的圈数用公元前表示，如公元前 148 年 7 月 5 日，表示的意义：假设为以耶稣出生时为 0 年 0 月 0 日，以此作为地球公转与自转圈数的起点，相对此点地球围绕太阳公转比 0 年少转 147 圈，月球围绕地球公转比 0 年 0 月少转了 5 圈，地球围绕太阳自转比 0 年 0 月少了 25 圈（一月以 30 天计算），如果要加上小时、分、秒，再具体太阳照射到地球某个地区的哪个位置就行了。

◎数字日历必须与发生的事结合起来

日历指地球围绕太阳运转产生的太阳光变化过程的次数累加并完全用数字来表示，但这种抽象的日历必须与发生的事件结合才能让人明白对应的时间。

比如 1976 年是哪一年，如果不与发生的事件结合，人们很难知道它表示的时间意义，如果加上事件"唐山大地震"，大家一下子就明白了它表示的时间意义。问 1980 年是哪一年？如果这样回答，中国恢复高考后第三年（中国恢复高考是 1977 年），这样就能明白它的时间意义。

为方便人与人之间的交流，一般会以具有标志性的事件作为日历计时的标志，比如公元纪年的开始以耶稣诞生、世界杯足球赛、二战胜利日等；而某些短时间计时，是以小的事件作为标志，比如某项比赛以运动场上发令枪的声音和烟雾作为标志性事件。

注释：

1. [商]姬昌. 周易[M]. [宋]柞溉，注译. 长沙：岳麓书社，2000.

2. [晋]杜预. 春秋经传集解[M]. 上海：上海古籍出版社.1986.

3. 莫秀秀. 中国古代计时器设计研究[D]. 2009.

4. 孔昭明. 台湾文献史料丛刊第一辑（4、5、6）续修台湾府志（下册）[M]. 台北：台湾大通书局.1984.

5. 葛培岭，注译. 诗经[M]. 洛阳：中州古籍出版社，2005.

6. 马骊. 绎史[M]. 上海：上海古籍出版社，1993.

7. 漆管荣. 时间——人类对它的认识与测量[M]. 北京：科学出版社，1985.

8. 蒋南华. 中国传统天文历术[M]. 海口：海南出版社，1996.

9. 江苏省建湖县（田家五行）选释小组. 田家五行选释[M]. 北京：中华书局，1976.

10. 埃尔顿（L.R.B.Elton），梅塞尔（H.Messei）. 时间的测定时间与人[J]. 1992（5）.

11. 郭振铎. 关于公元的起源及其纪年法问题[J]. 史学月刊，1983（5）.

12. 俞金尧. 时间的历史[N]. 人民政协报，2015-11-9.

第九章　宇宙中有一种存在的"时间"吗？它究竟是什么？

本章将探讨三大问题：

（1）宇宙中有一种存在的"时间"吗？"时间"存在于宇宙中吗？它究竟是什么？

（2）用于计时系统的时间与存在的时间（时光）有无关联？

（3）把缠绕时间、时光（存在的时间）的逻辑问题解开。

人类为什么对时间、时光问题形成错误的认识，主要是由两方面的原因造成：

第一，在逻辑上缠绕转圈；第二，语言表达的混淆。

为什么还要在此赘述这些问题，因为前面已经作了详细讨论，但如果不作更透彻的分析，很多人无法解决缠绕的逻辑问题。

一、人类为什么要建立时间系统——作为计时系统时间的根源、本质、要素及计时器的原理及本质

◎ 时间的根源

人类的生存环境、日常生活与太阳光的变化过程——从

明到暗、从强到弱的变化紧密相关，并对这种过程是高度依
赖的——日出而作，日落而息，特别是人的行动与活动要
依据它在本地的变化过程来安排，人类必须记录它的变化
过程。

这种变化过程可以通过直接观察太阳的位置变化得
出，或通过间接的办法得出，如通过观察树影、山影等。

通过直接观察到的太阳位置来安排个人行动（如图
9-1），在过去科学不发达的时代，这种方式只能用于某一
天的行动而无法精确地记录和重复这样的安排。

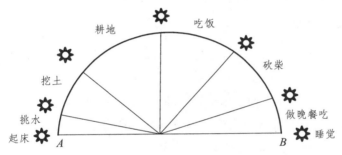

图 9-1　个人直接观察太阳的位置来安排行动

图 9-2　个人通过观察树影、山影并把它分成刻度

通过记录树影的长度间接记录太阳光的变化过程（如

图 9-2），这种变化能够重复循环，而且把树影分成刻度，能够利用这种记录更好地安排个人行动。

把记录太阳光的变化过程称为时间，以便人类更好地安排行动，这就是时间最初的根源。

当群聚的时候，人与人需要交流或者集体活动，对太阳光从明到暗的变化过程就需要制定一个统一的标准，让大家共同认识并遵守，因此就发展成了作为标准的时间，然后根据这种变化现象和规律制作出计时器，让大家共同认可这个标准并以此进行行动与活动。

◎ **时间的本质**

把太阳光照射到地球某个区域从昼到夜（或从夜到昼）的过程，定为 1 日。

再后来发展到记录更长的太阳光的变化过程——自然轮回，以安排农业生产，从最初的记为 2 季循环到后来的 4 季循环过程，定为 1 年。

这是时间的认识范围扩大：从记录 1 天扩大到记录 1 年。

计时系统最初的来源及本质

特别注意：这里时间记录和反映的是太阳光照射到地球某个区域形成昼到夜（或从夜到昼）的过程，这个过程可用路程来表示。指太阳相对某个区域的人运动的一段路程，在这段路程中，太阳由远及近再由近及远，光线由明到暗，然后消失，然后又重复这一过程。如图 9-1 所示的一段路程 AB（弧形段）。

随着理论与技术的发展，人们知道，这是地球围绕太阳自转与公转形成的现象和规律。

这种天体运动规律最终表现的结果就是：太阳相对地球某个区域的人运动的一段路程，在这段路程中，太阳由远及近再由近及远，光线由明到暗，然后消失。

这就是作为计时系统最初的来源及本质：记录和反映的是太阳光在地球上有规律的变化过程——昼夜循环。表现为：运动由远及近再由近及远，然后消失的这段路程。

◎时间的要素

记住时间的三个要素：太阳光、太阳光的变化过程（以当地某个参照物为标准：太阳从这个山顶出来然后逐渐移动到另一个山顶落下；以树影为标准：从出来在地上形成一段影子，逐渐移动，产生变化，然后到影子消失）、有规律的变化（昼夜循环）。

◎计时器的原理及本质

在远古时代，要直接记录太阳光在当地的变化过程，只能通过间接地记录，人们发现树影、山影的长度与这种变化有关系，所以通过记录影子的变化过程来间接地记录实际的运动过程。

后来，用圭表和日晷比观察树影、山影的长度变化能更准确、更方便地测量太阳光变化形成的影子。

再后来，利用或制造出有规律的运动，使它们的运动过程与太阳光的变化过程相吻合，从而达到间接记录这种变化过程的目的，比如利用鸡的鸣叫规律，制造水漏、沙漏、机械运动，到今天的利用电子运动、原子辐射运动等，都是利用有规律的运动过程或运动次数累加与太阳光照射到地球上的变化过程产生某些联系。

◎时间的发展经历了双向的过程

一方面，人类根据这些自然现象、规律，建立起了时间系统，并作为强制标准，安排个人行动与群聚活动。另一方面，随着人类科技的发展又反过来探索太阳光变化过程形成的原因以及对变化过程更准确的测量，这样又反过来改变、完善计时系统。

到后来，人类终于认识到这种变化是地球围绕太阳公转与自转形成的有规律的变化过程。同时，也认识到了太阳光照射到地球形成的昼夜变化过程不一致，存在先后顺序，把这种先后顺序用时区来表示。

再后来，发展到不用直接测量太阳光的变化，而直接准确测量地球自转轨道的长度、地球绕太阳公转轨道的长度，然后得到 1 日的轨迹长度，1 年的轨迹长度。

然而，作为时间的本质还是没有改变：时间记录、反映的是地球绕太阳自转、公转形成的太阳光照射到地球某个区域的变化过程，只不过随着科技水平的提高，人类对这种变化过程测量的方式不一样，越来越准确。

假设人类科学没有发展到能认识这是由于地球围绕太阳公转与自转形成的天文现象，人类依据地球上能够观测到的现象，如利用影子、水漏等建立起来的时间系统和以此为标准制造的计时器，其实也完全能够满足人类对时间的需要。只不过随着科学技术的发展，人类探索到了这种自然现象形成的原因以及能够用更多方法和手段进行更准确的测量。但它的本质没变，终极目标是对这种现象进行更精确的测量；反过来，又制作出更精准的计时器。

◎计时器依据及功能

计时器依据与功能分两种：

第一种，依据太阳光的变化过程。这就是天文时，依据天文现象或规律得到时间的标准，制造出计时器。那么反过来，这种计时器也能反映大自然的变化现象与规律。

第二种，不依据太阳光的变化过程。制作计时器与天文时无关，只是依据有规律的运动。这种时间只是一种人为的标准时间，作为一种强制标准，让人类群聚时共同遵守执行，大家认可这个标准并以此来安排行动，比如过去的辊漏、现在的原子时。

依据太阳光的变化作为标准更好，因为尽管目前的照明技术已经相当发达，但人类对太阳光还是有相当高的依赖，人类有相当多的行动与活动借助光线明亮、强烈的白天完成，农业生产还是要依据四季轮回进行。计时器根据太阳光的变化规律制作，反过来也体现了这种规律，能让人类更好地根据这种变化规律安排个人行动、群体活动、农业生产等，更好地利用太阳光。

计时器的依据与功能也是互逆的，制作计时器依据的是自然现象、规律，反过来计时器也能反映这种自然现象、规律。

二、语言问题让人混淆了时间

前面多次提到，我们探讨作为计时的时间不是宇宙中存在的时间，只不过在语言表达上，宇宙中存在的时间也用同一词来表达，但二者表示的本质和语言学的含义完全不一样！从语言学的角度来说，为了不引起二者的混淆，宇宙中存在的时间最好用"时光"来表达，但如果本书改用"时光"的话，读者从习惯上还暂时反应不过来，也可能让读者搞不懂，所以采用加注括号或引号的形式，不直接使用"时光"来表示存在的"时间"。

宇宙中存在的时间，是借用了计时系统的语言，从语义角度，应该用另外一个词来表达：时光。

最初时间表达的是太阳光昼夜交替的变化过程、四季轮回，但后来人们把宇宙中存在的时间（时光）也用这种计时的时间来表达，以至于后来人们忽略了时间最初的本义而只把这个词理解成了存在的时间（时光）了。

其实从语言文字的准确性来说，应该对时间的语义进行准确的限定，宇宙中存在的时间不应该用时间这个词来表达，而用"时光"[以后表达时，凡是宇宙中存在的时间，我们用"时间（时光）"来表达]，这样人们就不会对时间的本质混淆不清了。而钟表等计时器记录的时间，是计时系统的时间，简称为时间。

三、逻辑缠绕问题

有人会陷进这样一个逻辑里面：作为计时系统的时间虽然记录和反映的是太阳光在地球上有规律的变化过程——昼夜循环、四季轮回等，但这个过程就是存在的时间。

　　这就是几千年陷入时间迷宫缠绕不清的逻辑问题的关键！

　　作为计时系统的时间记录，反映的是太阳光在地球上有规律的变化过程，表现为昼夜循环、四季轮回等过程。

　　相当长时期，人们是靠测量太阳光下影子的长度或位置来反映和记录这种变化，并建立起时间系统，比如把整个影子的长度作为一个白天太阳光变化得到的长度，然后进行平均划分，比如分为 10 刻，通过观察树影在几刻的位置对应到太阳照射在当地的位置。圭表、日晷的计时原理及反映的本质就是如此。

　　后来随着理论和技术的发展，知道了这种自然现象的变化规律是地球、太阳、月球等天体运动造成的，可以直接测量它们的运动轨迹长度得到这种自然现象有规律的变化过程，这种测量方法和手段比测量太阳光在地球上的变化过程更准确。

　　然后，制作出能够运动的器械，使它们能够有规律地运动，并且使它们的运动与这种自然的变化规律过程相吻合。

　　很显然，作为计时的时间并不是存在的时间（时光）。

　　如果还无法解开时间的逻辑圈，那么再思考一个简单的问题，比如时间 9 点表示什么意思？它表示的是地球围绕太阳运转，太阳光照射到地球上某个区域的某个位置了，与存在的时间（时光）没有任何关系。

　　建立计时时间的目的是人们能根据太阳光有规律的变化安排行动，特别是安排农业生产；反过来，人的生存本身与太阳光的这种变化过程和规律紧密相关。人的个体行动与群聚活动对太阳光的变化也是高度依赖：必须利用太阳光照明；必须利用太阳光种植农作物；必须利用太阳光的热量晒干植物水分；等等。

所以要明白计时时间的本质和目的，才不会陷入时间的逻辑缠绕中，彻底明白作为计时的时间并不是宇宙中存在的时间（时光），与宇宙中存在的时间（时光）没有关系。

后来用水漏、钟表等有规律的运动来记录时间，用原子的辐射运动次数累加来作为时间的标准，这与用规律运动和作为计时的太阳光有规律变化过程发生联系，但作为计时时间的本质还是没有改变。

如果只以某种规律运动作为标准建立起计时系统，这种系统可以不与太阳光有规律的变化过程发生关系，它只是用某种规律运动作为标准，建立起人为的标准时间，这种时间的本质也与存在的时间（时光）没有关系，它的本质就是有规律运动的次数累加。

四、宇宙中究竟存不存在时间

宇宙中有一种客观存在的"时间"吗？它究竟是什么？

我们首先必须从语言上来分清存在的时间与计时的时间完全不同的含义。

在本章，我们回顾了计时时间的来源及本质，与很多人认为宇宙中存在的时间（时光）完全不一样。

我们一定要清楚：手表等计时器、日历、物质运动中的 t 等反映的时间，都是计时时间，与宇宙中存在的一种时间完全没有关系，含义也完全不同。

其实从语言角度来说，宇宙中存在的时间应该称为"时光"或用其他语言比如"光流"等来表达。人们把宇宙中存在的时间也用"时间"来表达，从语言的角度来说应该是一词多义，但人们往往混淆了这两种完全不同的时间所表示的不同语义。

再有，如果有人坚持宇宙中存在的时间非得要用"时间"一词来表达，那么作为计时的时间为了不与之混淆，就应该用另外的词语来表达，如"计时"等。然而人们已经习惯了用"时间"一词来表达计时系统的时间，比如把手表、钟等作为记录时间的器具，用日历来记录更长的时间，平常行动与时间紧密结合，上学、上班等严格遵守时间，可以说人们与计时时间紧密相连，如果把这种计时系统的时间更改成其他词语，那么给人们生活会带来很多不便，所以最好还是把宇宙中存在的时间称为"时光"。

这里，我们要深入探讨宇宙中存在的一种时间（时光）。首先要限定，我们只讨论宇宙中存在的时间（时光），而不是计时的时间，不与计时时间发生任何关系。

在古代科学水平不发达的时期，人们认为自然界存在一种时间（时光），它影响着人类的生存，这种存在充满了宇宙。当时可能认为是空气或光（注意：指阳光这种物质，而不是阳光有规律地在地球上的变化过程）。

随着科学的进步，人类逐渐认识到空气或阳光这些物质的本质，它根本不是存在的时间（时光）。

但人们还是认为时间（时光）存在于宇宙中，它无处不在，它静静流淌着，可是人们无法知道这种时间（时光）是什么。

再后来，人类对微观世界进行更深入的探索，认识了原子、质子、电子、量子、夸克等，也探测到了磁场或电波、光波、电磁波等，但这些都不是存在的时间。

那么宇宙中存在的时间（时光）究竟是什么？

很多人也提出这种充满宇宙存在的时间（时光）的方向是什么？认为它从过去流向现在再到未来，宇宙中的万事万物都受此种存在的时间（时光）的影响。也提出了穿越到过去的时间（时光），或制造出时间（时光）机器进入到未来的时间（时光）。根据这种假设存在的时间（时光）与光速运动还发展出了一些时光理论。

然而科学技术发展到今天，我们再次问：假设宇宙中存在这种时间（时光），它是什么形态？是什么物质？有什么性质？对万事万物有什么影响？即使没有形态，但可以有所体现。比如，磁场的形态虽然看不见，但它可以通过吸引铁块证明它是存在的。然而直到今天，同样对宇宙中存在的时间（时光）一切还是一无所知。

宇宙中的射线、引力波都被当今的科学家寻找到，还有人们致力于寻找的暗物质，它们充满了宇宙。"暗物质"被比作"笼罩在 21 世纪物理学天空中的乌云"，它由万有引力定律证实存在，却从未被直接观测到。科学家估算，宇宙中包含 5%的普通物质，它们组成了包括地球在内的星系、恒星、行星等发光和反光物质，其余 95%是看不见的暗物质和暗能量。

测量暗物质的设备包含塑闪列阵探测器、硅列阵探测器、BGO 能量器和中子探测器四个子载荷，能测出高能粒子的能量、方向和电荷，并具备鉴别粒子的本领，从而有可能探测到暗物质粒子的存在。

但是暗物质也不是存在的时间（时光），如果把暗物质当成时间（时光），那么宇宙中没有暗物质的地方就不存在时间（时光）吗？这与假设存在的时间（时光）充满宇宙又相矛盾。把暗物质当成是宇宙中存在的时间（时光），这只是一种假设，本身也不成立。

还有一种观点，宇宙爆炸，产生万事万物，时间与宇宙一起诞生。时间与空间是宇宙存在的形式，万事万物的存在就用时间（时光）在度量，比如星球存在多少年了？星系存在多少年？

但是这里又缠绕到计时的时间去了，"星球存在多少年""宇宙诞生多少年"是用计时系统来衡量的，是人类建立的以有规律的运动物作为标尺建立的计时系统衡量得出的结果。

如果不用人类建立的计时系统，用宇宙中存在的时间（时光）怎么衡量"星球存在多少年""宇宙诞生多少年"？根本无法。

"星球存在多少年""宇宙诞生多少年"是用规律的运动作标尺比较的结果。

宇宙爆炸，产生万事万物，并存在于宇宙中了，如果诞生了一种时间（时光），那么时间（时光）对万事万物有什么作用？促进衰老？加速生长？起某种反应？给万物提供能量？从目前的研究看，显然都没有这种作用。

如果要度量万事万物存在多久，只有用人类建立的计时系统来完成，作一种对比衡量。如果用假设宇宙中存在一种时间（时光），不用人类建立的计时系统，根本无法度量宇宙中万事万物存在了多久。

宇宙中存在时间（时光），这种存在到目前实质上只是一种假设，因为依据目前的科学水平，不知它是什么物质、什么形态。假设存在的时间与用来计时的时间完全不一样，只是借用了时间这个词语来表达，为了不与计时系统的本质相混淆，只有从语义上用另外的词来表达——时光。

宇宙中存在或不存在时间，笔者的观点是：从科学实证角度出发，可以认为：如果有人坚持宇宙中存在时间（时光），丝毫也不影响本书的探讨。这种时间（时光）与计时时间也无任何关系，完全是不同意义的时间。

假设宇宙中存在时间（时光）与认为宇宙中不存在时间（时光）是等效的命题，因为这两者都无法用实证来驳倒对方，或者这两种假设都是一种哲学命题，就好比有人相信神的存在与不相信神的存在是一样的，因为两者都无法用实证驳倒对方，这些假设是属于哲学或宗教的范畴，不属于自然科学探讨的范畴。但这都不影响本书对自然科学所表达的时间——计时时间的研究，因为这种时间与宇宙中存在或不存在的时间（时光）本质、意义完全不一样。

宇宙中不存在时间（时光）也与目前的量子理论相符，在量子理论中，时间（时光）无法定义，时间（时光）不具有可以测量的特质。量子理论可以测量一个电子的位置，但是无法测量它在那里已经多久了。解决该症结的措施就是将时间视为人类自己编造的概念，也就是宇宙根本不存在时间（时光），而计时的时间是人建立的标准。

再有，即使在未来发现了宇宙中时间（时光）存在，但它与计时系统的时间还是两回事。

宇宙中存在时间或不存在时间，丝毫不影响我们研究作为计时的时间，这是作为自然科学探讨的时间，这种时间才会影响到人类的行动，经常要与它打交道。它也是自然科学理论研究中经常要用到的，并与实践紧密相关。本书主要是理清这种时间的本质和意义。

如果把宇宙中假设存在的时间（时光）作为一种哲学范畴，而本书研究的计时时间则完全属于自然科学的范畴，就如牛顿当年探讨三大定律，它属于自然科学的范畴，至于牛顿思考的：最初推动宇宙运动的力来自哪里？那是哲学或宗教的范畴，但不影响自然科学的三大定律的发展、运用。

🔍 重点内容

最为关键的问题：不能混淆计时的时间和存在的时间

不能把认为宇宙中存在（或不存在）的时间（时光）与自然科学——计时的时间混为一谈。现实中人们经常把这两种完全不同意义的时间混淆，把不同意义的时间纠缠在一起，所以在科学理论方面形成了很多荒诞、错误的观点和结论，乃至于阻碍了科学的发展。

🔍 专题研究

固有的观念造成逻辑缠绕，让人们走不出
宇宙中不存在时间（时光）的怪圈

笔者在与一些人讨论时间的时候，很多人由于固有的观念：总认为宇宙中存在时间（时光，不是计时的时间体系），所以在讨论的过程总会缠绕到逻辑问题上去，难以走出宇宙中存在时间（时光）的怪圈，总把计时的时间与宇宙中存在的时间（时光）混在一起，互相纠缠。

遵照以下逻辑程序来展开。

宇宙爆炸，产生万物，有人认为同时产生时间（时光），为什么呢？是缘于这样的逻辑：万物存在要用时间（时光）来度量、描述，具体地说，宇宙爆炸，产生了众多恒星，恒星诞生的时候，就是用时间（时光）在度量它的存在，用这种逻辑来阐释宇宙，确实离不开时间（时光）。那么时间（时光）究竟是什么呢？前面已经进行了详细分析，这种时间（时光）什么也不是，不是任何物质，它就是宇宙存在的一种形式：与时间（时光）同时存在于宇宙的另一种形式是空间。

在此固有的观念上，就很难走出宇宙中不存在时间（时光）的逻辑思维。

把宇宙中存在的时间（时光）看作是宇宙中的一种存在形式，但用现代科学手段去研究的时候，这种时间（时光）不是任何物质，只是一种存在形式，这其实是一个哲学问题，一般人也难以理解。

对上面的问题要用另外的逻辑来推演：

宇宙爆炸，万物诞生，拿一颗恒星来说，那颗恒星在宇宙中开始存在了。

它的存在并不需要用一种时间（时光）去度量、描述，恒星就存在那里，为什么还要加上一种时间（时光）来表示它的存在呢？

若问这颗恒星存在"多久"了？为什么要去关心或描述它存在"多久"了呢？

"多久"表示这颗恒星存在的一种过程，关心或描述它存在"多久"就是研究它存在的过程。

如何才能把这种存在"多久"表达出来呢？

如果用时间（时光）是宇宙中存在的一种形式根本无法完成这种表达。只有用人类建立的计时系统才能表达，用有规律的运动作为标准来衡量，比如，研究显示它可能存在几亿年，那么这种表达是用计时系统的时间而非宇宙中作为一种存在形式的时间（时光）。

"多久"显然是计时时间范畴了。

前面讨论过，人类用建立的计时系统作为标尺来反映、衡量宇宙中事物存在的过程或表示事物存在的状态，这也是人类建立计时时间的作用和目的之一。

以前人们之所以混淆了计时的时间和假设宇宙中存在的时间（时光），就是认为只能用一种存在的时间（时光）这种形式才能度量或反映这颗恒星的存在，然而如果不用人类建立的计时系统作为标尺来衡量，就无法表达和反映。但是计时系统却是人类用规律运动作为标准建立起来的人为系统，它不是度量宇宙中存在的一种时间（时光），与宇宙中存在的时间（时光）完全不同。

再来做一个场景模拟：把场景限定在大学做讲座的教室，现在教室里进来了几十或几百个人听讲座，这些人就存在教室里面。这些人存在教室，与宇宙中存在一种时间（时光）没有任何关系，他们就存在这里。如果要问：他们来这里听讲座多久了？这里的"多久"，是表示关心这些人存在这里的过程，通常的方法是读手表或钟的计数，而手表或钟则是计时系统的时间而非反映宇宙中存在的时间（时光）。

再来做一个场景模拟：我们与某几个学者在办公室讨论问题，讨论一直在持续，其中一个教授感觉有点饿了，他问："过了多久了？"大家都看看手表，已经讨论 2 小时了。来回顾这个过程：我们几个人在那里讨论问题时就存在那里了，讨论一直在持续，就是存在那里的过程，用手表来记录这一过程得出的时间是 2 小时。学者们存在那里讨论问题与宇宙中假设存在的时间（时光）没有关系，我们在那里讨论问题的过程一直在持续，要度量或反映在那里存在的过程只能用计时系统的时间来完成，也就是用作为手表记录来反映，要知道用手表记录和反映的是人为建立的时间系统。整个过程与宇宙中假设存在的时间（时光）没有任何关系，如果不用计时系统的时间而用宇宙中假设存在的时间（时光），根本无法表达或度量我们在那里讨论问题这一过程。

要理解计时时间的本质以及宇宙中根本不存在时间（时光），首先要清除脑子里固有的观念：总认为宇宙中存在时间（时光）。笔者希望通过本书来理清作为计时系统的时间的来源、本质，以及人类为什么要建立计时系统。作为手表、钟等计时器记录和反映的究竟是什么？它的读数是如何得来的？特别是我们从无任何时间观念来建立的火星时间模型，更容易让人理解计时系统的时间本质，只有顺着这条逻辑，才能解开对时间纠缠不清的逻辑问题，以至于彻底理清时间的本质。不然始终会在一个逻辑迷宫里面打转，从而无法认清时间的本质。

专题研究

宇宙中事物的存在与时间（计时系统）、时光（假设存在的一种时间、哲学意义的时间）的关系

假设存在时间（时光），它是什么呢？是什么形态或形式？有什么性质或特性？没有任何理论能够解答。

在过去科学不发达的时代，有可能误认为时间是流水、空气、阳光，今天已经肯定这些都不是时间。

时至今日，人们已经认识了原子、夸克、质子、电子等，也探测到了磁场、电磁波、电波、光波、引力波等，还有暗物质，但这些同样都不是存在的时间。

即使时间没有形态，但可以有所反映或体现，比如磁场虽然看不见，但它有体现，可以吸引铁，电波可以传送图像和声音。而时间是什么？科学发展到今天，人们似乎对它一无所知，找不到时间的任何蛛丝马迹。

所以这种时间实在让人难以把握。

另外还有一种哲学意义存在的时间（时光），它表示的意义是：认为时间（时光）是宇宙中"存在"的一种形式，它与宇宙一起"存在"，"时间（时光）"与"空间"构成了宇宙，宇宙中的"存在"必须用"时间"来度量和反映。

即使宇宙中不存在一种物质的时间，也必须增加一种虚拟的时间才能准确反映宇宙中事物的存在，所以宇宙必须由时间和空间构成。

它主要缘于对宇宙这样的认识过程：

宇宙大爆炸，产生万事万物，同时产生时间，时间开始度量万事万物，比如众多星球诞生了，从此时间就与它同时"存在"，时间就开始度量星球的"存在"。我们要反映这些星球的存在必须用到时间这个元素，不然无法表示、反映这些星球的存在。就是人们通常要探究"这些星球存在多久了"，类似的还有"宇宙的爆炸起点""银河系诞生多少年了""一颗新星诞生了，它存在多少年了""恐龙的存在是在什么时候""金字塔是什么时代修建的""那棵树存在多久了""飞机离开多久了""那里发生了一次车祸是在什么时间""放学在什么时候""上班几小时"等问题，要解决这些问题必须用到"时间"这个概念。

宇宙中万事万物的存在必须加上"时间（时光）"这个要素吗？以上列出的"时间"元素的本质是什么？

宇宙中万事万物的存在完全与时间（时光）无关，所以可以抛开时间（时光）这个要素。

分析如下：

宇宙大爆炸，产生万事万物。万事万物就开始存在了，比如众多星球就存在宇宙中了，为什么要加上"时间（时光）"这个要素？比如"那里有一块石头""教室里面有几十个学生""那里新建了一栋大楼""有一个教授在学校举办讲座"等，这些都是表示"物"或"事"的存在，这些"存在"都没有时间要素。

我们要研究万事万物"存在多久了？""某件事在何时发生？"等，而这些问题是探究万事万物存在的过程或状态。

它只能用一种比较法，就是用一种物质的运动作为标准即度量单位，另外的物质或事件的运动与这种选定的单位作比较得到一个结果。

而人们是借用人为建立的计时时间来完成这种比较。因为我们是用"年、月、日"来反映或表示万事万物"存在多久""发生在何时"，而"年、月、日"是人为建立的时间系统。

前面我们探讨的用年、月、日表示的时间系统就是借用有规律的运动作为标准得到的时间度量单位，并以此建立的计时系统。但这种时间并不是构成宇宙的必须要素之一：时间（时光）。严格地说，如果人为建立的计时系统用语言表示为"时间"，而构成宇宙的必须要素之一的时间就应该用语言表示为"时光"，它们是完全不同的两种概念，但人们长期在语言上混淆了两者的表达，把两者都用"时间"来表达了。

计时时间绝对不是假设存在的时间（时光）或者哲学意义存在的时间（时光）。计时系统的时间最初是从有规律的白天黑夜的交替变化（运动）而来，以白天黑夜的交替变化作为单位，到后来认识到这种变化其实是由地球、太阳、月球之间的运动造成的，然后更精确地测量这种运动，就是测量它们的运转轨迹，然后制造出与这些运动相符合的计时器。

如果假设存在的时间（时光）或者哲学意义存在的时间（时光），那么如何表示宇宙中的事物"存在多久""发生在何时"这些表示事物存在的过程或状态呢？

如果不借用一种度量单位作为标尺来比较，根本无法反映或表示此类问题。

由此得出哲学意义的时间（时光）"是宇宙中存在的一种形式""宇宙中的存在离不开时间""时间和空间是构成宇宙的要素"等无法立足。

宇宙中事物的存在是否一定要与时间（时光）有关系呢？宇宙是否由"时间（时光）"和"空间"构成呢？

再举两个简单的例子来说明。

例子1：某地出生了一个人。

"那里有个人出生了"，这表示这个人存在宇宙中了。这个人的存在完全与时间（时光）无关，他就实实在在存在宇宙中了，然后开始成长。如果非得说有一种存在的时间（时光）与这人有关系，那这种时间（时光）与这个人是什么关系？他的生长与时间（时光）有何关系？我们前面已经讨论过假设存在的时间（时光）不是任何物质，所以这个人的存在与时间（时光）没有任何关系。

如果要问"这个人活了多久了呢？"，显然"多久"反映的是这个人"存在的过程"，怎么反映这种过程呢？如果不用一种运动作为标准即度量单位，根本无法表示。我们可以用一种简单的标准，如用一棵生长的树，他出生时这棵树有 2 米高，问"这个人活了多久呢？"，这棵树有 5 米高，就可以这样来表示："这个人活了这棵树长了 3 米高这样的过程了。"

　　这里用一棵生长的树作度量单位。在计时系统没有建立的远古时代，没有时间系统和度量单位，那时的人类就是用这种方法来反映、表述人存在的过程。

　　后来人们用有规律的运动作为标准和度量单位建立了计时系统，才用年（月、日）等时间单位来表示、反映人存在的过程，这样表示、反映比用生长的树作标准更准确。

　　例子 2：通过天文望远镜的观测，发现了宇宙中某处有一个黑洞。

　　这个黑洞的存在并不需要与时间（时光）产生关系，因为它实实在在"存在"那里了。

　　我们要研究这个黑洞存在多久了，这是在探究它存在的过程。

　　如果用"假设存在的时间"或"哲学意义存在的时间"根本无法反映、表达这个黑洞存在的过程。因此，我们只能用计时系统的时间来反映、表达，比如这个黑洞存在可能有20亿年，它表示的意义是：黑洞诞生的过程相当于地球已经围绕太阳运转了20亿圈。

　　综合起来，"假设存在的时间"到今天也不知是什么物质或形态，"哲学意义存在的时间"是一个虚拟的存在，且根本没有必要增加这样的虚拟。人们借用"计时系统的时间"才能反映、表示宇宙中万事万物存在的过程或状态，那么前两种意义的时间已无任何意义。

　　以前人们没有弄清楚时间的本质，主要是混淆了"假设存在的时间""哲学意义存在的时间""计时系统的时间"，所以长期被时间所困扰。

专题研究

用假设人类灭亡来说明宇宙中不存在时间

假设地球不久出现如寒武纪那样的大灾难，地球生物几乎全部灭亡，当然包括人类。那么地球依然会围绕太阳自转与公转，月球依然围绕地球运转，白天黑夜、四季循环，铝原子的振幅周期运动依旧在进行……只是少了生命和人类。

这样就没有人建立计时器，也没有人建立一套时间系统让大家共同来遵守并以此作为行动标准。后来，地球上又诞生了智慧生命以及文明的发展，他们发现了以往人类留下的文明遗迹，长城、三峡工程、自由女神雕像等。

有一群类似科学家的职业人群，他们研究这些遗迹的情况：是什么建成？在那个时代做什么用？为什么要建造这些东西？等等，其中他们也要研究，这些遗迹存在多久了？

这个问题怎么解决呢？

他们同样只能用一种运动物作参照对比得出答案，或者创建一套自己的时间系统来解决，假如他们也是以地球围绕太阳公转作为参照物，于是得出结果：这些遗迹存在于地球已经围绕太阳运转了 5000 万圈的那个时代，或铝原子已经做了 20 亿次振幅运动的那个时代。

不用有规律运动物作参照，如何来完成这些遗迹的存在过程？根本无法。而用规律的运动物作为基本单位，然后建立起一套系统，让人来共同遵守，并作为个人或集体的行动依据，这套系统就是人为的计时系统。

前述是新人类重新建立计时时间以及用它来度量宇宙中万事万物的过程。我们再来考察能否用一种宇宙中存在的时间来度量呢？

假设地球不久出现如寒武纪那样的大灾难，地球生物几乎全部灭亡，当然包括人类。地球运动周而复始，白天黑夜、四季交替仍在循环进行，只是少了生命和人类。

有人就在此假设宇宙中存在一种时间。

岁月悠悠、时间在悄悄流逝，时间在度量着宇宙中的万事万物，人类的文明遗迹部分在时间洗涤中得以保留下来……

那么新智慧生物同样会详细考察以往人类留下的文明遗迹，假如宇宙中存在一种时间，那么这种时间对万事万物起什么作用？这种时间有什么性质？什么形状？是光、空气、磁场、波、暗物质？还是原子、质子、电子、夸克？

同样无法得到答案！

有人说宇宙中的时间只是在度量宇宙中万事万物的存在，没有时间的度量，就无法知道万事万物存在的过程。

如果时间在度量宇宙中万事万物的存在，那么如何反映这种度量的结果？

根本无法反映。

同样，只能用一种运动物作标准去度量另外一种事物存在的过程，用另外的运动物作标尺度量，然后得到一个结果值。

目前人类建立的计时系统本质就是用有规律的运动作为基本单位，然后建立一套指导人行动的体系，反过来也可被借用来衡量万事万物的存在过程。

重点内容

**度量宇宙中万事万物存在过程，只能依靠计时的时间，
而不是宇宙中存在的时间**

宇宙中存在一种时间，此观点延续了科学不发达时期的认识，以为宇宙中存在一种影响万事万物的物质。但随着科学技术的发展，已经清楚解释了这些物质的特性、形状等，到后来混淆了计时的时间和假设存在的时间，特别是没有搞清楚度量宇宙中万事万物存在的过程只能依靠计时的时间，而不是宇宙中存在的时间。

疑问：宇宙中存在一种时间，难道就是一种假设。

五、"时间在宇宙中无处不在"表示的意义

这里的时间指的是用来计时的时间，人们以此作为人类行动的标准。时间本身有两种意义：第一，是反映星球运转产生的光线有规律的变化过程的时间（我们指太阳系内地球围绕太阳运转）；第二，是约定的时间。

人的活动都与时间有关，要用时间计时。

如果计时系统要与某个星球有规律变化的光线发生关系，就必须去找到那个星球的运动规律，建立一套与那颗星球相关联的时间系统。也可以不与光线变化发生关系，就以目前我们采用的原子辐射运动次数累加作为标准，或以那个星球上有规律的运动物质作为标准，建立一套计时系统，只要大家认可并以此为标准执行。

"时间在宇宙中无处不在"指的是这种意义，与宇宙中

存在的时间（时光）无关系。

六、万物生长、衰老是因为时间吗？

万物的生长、衰老是因为时间吗？

在科学技术不发达的时代，有人认为存在一种物质，这种物质看不见，但又存在，这类物质在影响万物的生长、衰老，包括人从出生、成长、死亡的过程也是这种物质的影响，把这种存在称为时间。

但它与计时的时间是两回事，只是借用了计时的时间来表达，前面说了应该把这种存在叫"时光"。最初可能认为是"空气""阳光"之类，后来或者认为是磁场。

但随着科学技术的发展，目前已经认识了原子、质子、电子、夸克等，也探测到了磁场或电波、光波、电磁波、引力波、暗物质等，但都没有证据表明存在一种叫时间的物质，并且是影响万物生长、衰老的物质。

现代医学认为，"衰老"可能与基因有关。在老鼠和果蝇身上进行的实验显示，停止某些基因的运行，或者改变其他基因，将特殊的化学物质组合植入它们的身体，可以显著延缓有机体的衰老速度。事实上，通过调整饮食或者注射就可以减慢衰老的荷尔蒙，改变身体的化学环境。[1]

有的生物学家认为停止衰老只是一个幻想，因为我们永远不能克服细胞过段时间就会死亡以及基因组的消耗磨损等生物程序。尽管如此，与生物衰老的对抗已经从原先的不可能变为非常困难但颇有可能，科学界就此前景达成了一致。

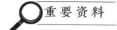
重要资料

变老是因为衰老细胞在体内慢慢堆积

2017 年 3 月 23 日，《细胞》杂志刊登了一篇里程碑式的论文（Targeted Apoptosis of Senescent Cells Restores Tissue Homeostasis in Response to Chemotoxicity and Aging）。[2] 来自荷兰的一支研究团队发现，一种多肽能选择性清除小鼠体内的衰老细胞，重塑它们的青春，也就是我们普通人说的长生不老。

衰老细胞无疑是近年来科学界研究的一大热点。研究证明动物的逐渐变老是因为衰老细胞在体内慢慢堆积。研究人员们相信，这些细胞是导致心血管疾病、关节炎与糖尿病的元凶。2016 年，《自然》与《科学》杂志分别刊发文章，表明通过清除体内衰老细胞，科学家们能让带有基因突变的早衰小鼠活得更久，或是减少这些小鼠动脉内斑块的堆积。此外，研究人员找到了至少 7 种有望杀死衰老细胞的化合物，临床试验也正在进行中。

然而，一些科学家们认为这些研究成果可能有一定的局限。首先，这些发现是在基因突变的早衰小鼠中完成的，遗传背景值得考虑。此外，这些化合物大多是癌症药物，有一定的副作用，比如它们会杀死健康细胞，或是造成血小板下降等副作用。因此，科学家们也正在不断摸索新的抗衰老方法，试图让人能常葆青春，当然终极就是让人长生不老。

他们做了一项长达 10 个月的实验，每周为小鼠注射 3 次多肽，没有看到任何明显的副作用。De Keizer 教授认为这种方法的安全性有保障。

"这绝对是个里程碑式的突破，"加拿大蒙特利尔大学的分子生物学家 Francis Rodier 教授说道："这是首次有人证明，你能消除衰老细胞，但不引起任何明显的副作用。"

De Keizer 认为，抗衰老领域的前途一片光明："抗衰老研究的未来有三大方向：预防细胞损伤和衰老、安全地清除衰老细胞以及激活干细胞。无论采取哪一种方法，我们都希望能增强组织的再生。"

也许，我们这一代人将在这些药物的作用下，寿命将得到大幅的延长，人类离长生不老药从未如此接近。

没有理论能够准确说明宇宙中存在的"时间（时光）"究竟是什么？也没有证据能够捕捉到这种存在的时间（时光）。

万物生长、衰老与计时系统的时间可以有关系，也可以无关系。因为万物生长、衰老的过程可以用计时系统作标尺来衡量，但也可以不用计时系统的时间来衡量，而用其他运动过程。

只要以大家认可的一种运动过程作标准，同样可以作为衡量事物的生存过程的标尺。

比如人生存的过程，可以用计时系统作标尺衡量，得到结果：活了 108 岁。但也可以不用计时系统来衡量，用其他运动过程：比如我奶奶说，我生下来，门前那棵树才这么高，这么小（她到树前做了比划，并找了一根小枝条），现在你看这棵树有多高了、多大了。

之所以人们要借用计时系统作为标尺来衡量万物生长、衰老的过程，是因为计时系统比较方便并且作为人类强制的标准，人们也容易理解这种标准。但久而久之，人们就混淆了这种时间的本质和意义，以为宇宙中存在一种时间在影响万事万物生存、灭亡的过程。

既然宇宙中不存在一种影响万事万物生长、衰老的时间（时光），那么万事万物为什么要生长、衰老？是什么原因让宇宙中的万事万物有这种过程？

这是另外的问题，但这个问题至关重要，很早以来就引起人类的思考，除了上面的基因说，我们认为这是宇宙大爆炸后，宇宙向外膨胀的作用结果，整个宇宙都受到向外扩张力的作用。笔者正在撰写《宇宙的终极问题》中对此有深入的讨论。

注释：

1. 唐云江. 成为科学的时间旅行[J]. 科学世界，2003（9）.

2. Marjolein P. Baar, Renata M.C. Brandt, Diana A. Targeted Apoptosis of Senescent Cells RestoresTissue Homeostasis in Response to Chemotoxicity and Aging, *j.cell*. 10.1016.2017. 02.031.

第十章 运动与时间的相互关系：运动可以与时间无任何关系，时间是用有规律的运动建立

以下问题在阐述时间与运动的关系中经常被提到：

● 宇宙中的一切运动与时间有关吗？物体的运动离不开时间吗？

● 物体的运动速度、状态与时间有关吗？物体的运动速度、状态由时间决定吗？

● 时间与运动有关吗？

一、运动与时间的关系

物体的运动状态、位置的改变、比较不同物体的运动速度等都要用到时间，特别是运动与时间发生关系有一个重要的关系式：

$$t=s/v$$

但是我们要清楚，公式中 t 是什么意义的时间？是指计时的时间还是宇宙中存在的时间（时光）。

人们经常说的宇宙中一切运动与时间有关、物体的运

动离不开时间、时间是物体运动的基础，它们中的"时间"
的本质意义又是什么呢？

我们来详细考察宇宙中物体的运动与时间的关系。

与时间有关的物体运动，主要有两种形式：

第一种，指物体位置的改变，这种运动称为路程运动；

第二种，指温度发生改变，这种运动称为热运动。

这两种运动形式都与时间有关，但其中时间的本质是
什么？是指计时的时间还是宇宙中存在的时间（时光）？

先考察路程运动。

物体从 A 移动到 B，位置发生了改变。

$$A \text{———————} B$$

图 10-1

这次运动完成了。

这种运动与时间有关吗？如果有关，这里的时间是指
计时的时间还是宇宙中存在的时间（时光）？

运动与时间有关的几种关系的本质与含义。

1. 影响物体运动的"因素"中，是否包含有"时间"
这个"因素"

重点内容

宇宙中物体的运动与哪些"因素"有关？

由物理学知识得出：物体的运动主要与物体自身的属
性、状态、作用力、反作用力、初速度、受力情况、自身的
质量、摩擦力等有关。运动是一种过程，是克服阻力或物体

的本质决定运动的速度和形式。

　　一般来说，当静止的物体受到外力作用时就会产生运动，运动的物体受到外力作用后就会改变运动状态（速度或方向）。物体一旦运动起来，如果不再受到任何力或受到合力为零的作用，那这个物体就会保持原来的状态一直运动下去。这是因为当物体受到外力作用时，外力造成物体自身的质量场与质心之间出现了对称性上的改变而产生了不对称状态。

　　"力"是物体实体之间的相互作用。实体之间的相互作用对场并不直接产生作用，因此受力后物体的质量场就会与质心之间产生不对称状态。不对称状态导致的就是不平衡，不平衡导致的就是运动。物体通过运动来平衡它自身物体属性之间的不对称性，这就是物体运动的物理机制。所以说，物体运动的本质就是抵消物体属性之间不对称状态的一种自然的动态平衡机制。

　　维持运动状态的原因就是质量场与质心之间的不对称。物体受力的过程就是改变质量场与质心不对称程度大小的过程，用现有的力学理论来说就是产生加速度或改变运动状态的过程。物体一旦运动起来，也就是质量场与质心之间处于对称状态之后，如果不再给这个物体施加任何外力或施加的外力合力为零的话，这个物体的质量场与质心之间的对称状态就维持原样不再改变，这时从外观上看就是保持原来的运动状态，牛顿说的匀速直线运动就是这个状态。如果继续给这个物体施加外力的话，这个物体的质量场与质心之间的不对称性就会不断发生改变，表现为不断地改变运动状态。所以，物体运动的物理机制是由物体属性的不对称性决定的。

　　宇宙中与物体运动有关的众多"因素"中，没有时间"因素"。如果有时间"因素"，那么时间这个因素在物体运动中起了什么作用？

决定物体的属性？状态？在运动中起阻碍、加速、启动
等作用？作用力、反作用力的作用？

显然都没有。

我们以前非常容易犯一个逻辑错误，首先假设宇宙中
存在时间（时光），认为这种时间（时光）决定着物体运动
的过程和结果。

过去把计时的时间与存在的时间（时光）混淆在一起，
所以得出：物体从 A 移动到 B 没有时间就无法完成，或认
为缺少了时间这个因素，运动无法进行。

这犯了逻辑错误，同时也是由于混淆了存在时间（时
光）与计时时间造成的。

2．把运动的过程误解为存在的时间

用语言表述"运动必须有时间才能完成""运动需要时
间才能完成""如果没有时间，运动距离无法改变""运动
距离改变必须要有时间""运动离不开时间""离开了时间
的运动不存在"，这些表达"运动与时间的关系"语句的含
义是什么呢？

从语言学的角度来理解这些语句很难选择最准确的表
达，而且不同的人对这些语句的理解也存在差异。

上述语句表示的意思，如果用严谨的物理或数学公式表
示为：

$t=s/v$，其中必须存在 $t>0$ 物体才能运动，而且只要是
运动 $t>0$

其含义是：如图 10-1，物体要从 A 移动到 B，距离发
生改变，位置的变化存在先后顺序，运动需要一个过程。

但运动位置变化的过程，不是宇宙中存在一种时间决定和起作用的结果，而是宇宙中事物的属性和本身的宇宙规律。很多人把此过程混淆为宇宙中存在一种时间的决定或作用的结果。

 专题研究

计时系统是人的智慧所为

现实世界中，物体要从 A 移动到 B，距离发了改变，我们注意到了物体的位置和距离发生了变化，我们有时候还要用计时器来记录从 A 移动到 B 用了多少时间，这样就使运动与时间发生了关系。然而这里的时间却是计时的时间，是人为建立的计时系统。即是说：物体要从 A 移动到 B，距离发了改变，增加的时间元素来测量这种改变，是人类自己增加的一种元素，而非宇宙中自然存在的因素。

某物体从 A 移动到 B，用计时器测量得到一个值，这个值直接反映的是某物体从 A 到 B 的运动与这个计时器的运动比较后得到的一个值。这个值间接反映的是某物体从 A 到 B 的运动与地球围绕太阳运转（公转或自转）、原子做振幅周期运动相比较得到的一个值。

物体从 A 移动到 B，距离发生了改变，其实完全可以不用计时器来记录，只关心物体从 A 移动到 B，距离发生了改变，而不必增加时间这个元素。

但是有人总认为宇宙中存在一种时间，物体从 A 移动到 B，距离发生了改变，必须有一种宇宙中存在的时间才能完成，这是犯的逻辑错误以及对运动中用的计时器所记录时间的本质没有弄清楚，以为 $t=s/v$ 及计时器记录的时间就是表

示宇宙中存在的时间。

物体从 A 移动到 B，距离发生了改变，如果不用计时的
时间而用宇宙中存在的时间，就是人们通常理解的，"需要
一种存在的时间"，那如何反映呢？根本无法反映。前面讨
论了决定物体运动的因素中也没有"一种时间（存在）"的
因素。如果物体从 A 移动到 B，$t>0$"需要一种存在的时间"
来支持物体的运动，这其实是语言理解和表达上的逻辑
错误。

> 逻辑推理：
>
> 物体从 A 移动到 B，距离发生了改变
>
> 条件："需要时间才能完成"
>
> 推理：若表示宇宙中存在一种时间，那这种时间
> 对物体的运动有什么作用？运动中起阻碍、加速、启
> 动等作用？是作用力、反作用力的作用？
>
> 答案：都不是。
>
> 结论：物体运动不需要一种存在的时间，因为它
> 对物体的运动没有任何影响。

> 逻辑推理：
>
> 物体从 A 移动到 B，距离发生了改变
>
> 条件："需要时间才能完成"是指"运动存在位置
> 变化的先后顺序这样的过程"，表示 $t>0$。
>
> 推理：$t>0$，t 是人为建立的计时系统得到的结果，
> 它反映的是两种运动比较的结果。这里的时间表示的
> 是计时时间而非存在的时间，它是人为增加的一个元
> 素，更方便考察宇宙中物体的运动。

而其他动物，比如狗，根本不会产生物体运动需要时间才能完成 $t > 0$ 这样的问题，这是逻辑问题，并不是哲学问题。

比如一颗陨石坠入了地球，宇宙中包括人、很多动物看到了此现象，只要稍有思维能力都会关注到：这颗陨石坠入了地球发生的距离、位置的改变，因为这是一种客观发生的自然现象，思维的本能会注意到这种变化。

有人会问：这颗陨石坠入了地球要用多长时间呢？行动就是用手表等计时器来记录，而其他动物不会有此动作，因为计时系统是人的智慧所为。其他动物不会产生这类问题，除非他们也建立了所谓的计时系统及制造了计时器。

这类问题还有：狮子和人都看到了一只孔雀，狮子、人都打算吃掉这只孔雀。狮子关心的是这只动物是否能够吃到，而人还可能觉得这只孔雀太美了而不吃。人对孔雀有美的评价，这是人的智慧行为。

答案：物体运动位置变化存在先后顺序这样的过程，是宇宙中事物的属性和本身的宇宙规律，不是宇宙中存在一种时间决定和起作用的结果。

结论：产生、提出一些问题及行为，只是人的智慧，并不是宇宙中的自然存在。

3. 运动与时间的关系式 $t = s/v$ 中时间的本质

$t = s/v$，这里的 t 是借用计时系统来描述或比较物体的运动状态，时间起一个标尺作用。这里的时间是计时的时间，而不是宇宙中存在的时间（时光）。

t 的本质是作为衡量运动的标尺。

为什么要用计时工具和计时系统来衡量运动呢？

这是因为计时系统比较方便、稳定，并且作为人类强制的标准，人们也容易理解这种标准。

借用计时系统的本质是：借用地球围绕太阳运转产生的有规律的变化过程，或原子有规律的辐射运动。

其实可以不用钟表，只要用有规律的运动作为标尺就行，这样就可以与时间无关。但其他的标尺没有时间这种标尺方便、稳定并形成了完整的系统。

比如，我们可制作这样一个工具：在一个容器里盛满水，开一小孔让它滴漏，就以这个容器的滴水量为标准来反映物体的运动。只要约定的这个标准得到大家认可，而且这个标准比较稳定和完善，就完全可以用来反映物体的运动。

这里我们制作的工具不与昼夜循环发生任何关系，只是制作一个有规律运动的水滴工具，这个工具要满足以下条件：第一，水要往下滴；第二，滴水要有规律，尽量使滴水过程稳定。这样与计时工具就无关了。我们完全可以用这种工具作为标尺来衡量事物的运动过程、状态。

只要大家认可这个标准及规则，说到物体的运动时，说某物从 A 运动到 B 用了多少"滴水"，大家都领会这个"滴水"的标准及它所表达的意义，完全可以用这样的公式：

$$\# = s/v$$

也可以把#写成其他形式，只要"#"代表的是一个大家认可的、有规律的、稳定的运动标准，就完全能反映物体的运动。

因为人们总习惯把钟、表等器械看成是记录的时间，而运动又是通过时间来测量、反映的，所以容易把运动与时间紧密相连。其实在用钟、表等记录时间的器械来反映物体的运动时，也完全可以不与时间联系起来，为了使人们不容易混淆，不妨把钟、表等器械换一种叫法，叫"面""告"等。把钟、表等器械的运动所得数值不看成是时间而看成一种比较稳定的、有规律运动的器械，运动所记录的数字称为"刻度"，用※来表示。

我们说一个物体从 A 端移动到 B 端，"面""告"等跑了多少个刻度，也用关系式※=s/v 来表示反映物体的运动。比如甲物体从 A 端移动到 B 端用了 m 个刻度，乙物体从 C 端移动到 D 端用了 n 个刻度，这样比较 AB/m 与 CD/n 也能得出物体运动的快慢，从而使物体的运动完全与时间无关。

我们可以用前面谈到的辊弹漏来比较衡量物体的运动，辊弹漏是用来计时的，但我们可以不把它作为计时器，只是作为一种有规律的运动器械。

结论：

可以用计时时间作为标准来反映物体的运动，也就是现在人们常用到的关系式 $t=s/v$；也可以不用计时时间来反映物体的运动，而用其他有规律的运动作为标准，从而让物体的运动与时间无关。

总结：

物体的运动可以用时间来反映，但并非反映物体的运动就只能用时间，物体的运动完全可以与时间没有任何关系。

人们用时间来反映物体的运动，也只是借用钟、表等器械有规律的运动作为标准，而人们往往把钟、表等器械的运动所反映的刻度数值看成是时间值。

现在用到的物体运动与时间的关系式 $t=s/v$，虽然是高度抽象数值化了的，但一定要明白它反映的本质意义。

物体运动完全可以不用时间而用上面提到的"滴水""刻度"之类来反映。人们之所以选择用时间来反映物体的运动，是因为时间已经得到大家普遍认可，并且记录时间的钟、表等器械已发展得很精确、完善，已经得到社会的广泛认可并遵守。

如果要重新用"滴水"之类的运动作标准来反映物体的运动，就得重新严格定义它的标准及规则以及制作与之相关的精密器械，并向社会推广让大家认可并遵守，这是比较麻烦的事，并且需要漫长的过程。

通过以上研究同时还发现，要表达反映物体的运动必须借用另一物体稳定的、有规律的运动作为标准来相对比较，如果没有另外物体比较稳定的、有规律运动作为标准来比较，就无法反映物体的运动过程和状态了。

根据前面讨论过的物体运动原理，物体运动不需要一种假设存在的时间（时光）。

物体运动与计时系统的时间有关系，是指运动要通过计时的时间来反映，但也可不用计时的时间来反映，从而与计时的时间没有任何关系。

4．运动速度不是由时间（时光）决定的，是借用计时的时间来反映的

两个人赛跑，路程相同，甲用了 1 小时，乙用了 1 小时 10 分钟，得出：甲比乙运动速度快，是因为甲比乙用的时间短。

那么能否得出：甲比乙运动速度快，是因为宇宙中一种存在的时间（时光）造成的？是时间（时光）的原因造成甲比乙运动速度快，这种说法显然是荒谬的。人的运动速度不是时间（时光）决定的，前面探讨了与物体运动相关的因素，根本不存在时间（时光）这种因素。

但为什么运动快慢（速度）要用时间来表达？而且是通过时间比较才得出甲比乙运动速度快。因为这样就可能推导出运动速度与时间（时光）有关，甚至就得出是由时间（时光）因素决定的。

这里出现了逻辑错误：运动速度不是由时间（时光）因素决定的，这里的时间是借用计时工具来起标尺作用，是通过计时的时间来反映的，但也可以不用计时器记录并与计时系统无关，而用其他有规律的运动作为标尺来比较、衡量物体的运动速度。

比如，用水沟放水，甲开始跑的时候开始放水，记下水流到的位置；乙开始跑的时候开始放水，记下水流到的位置。比较水流过的距离，水流的距离远的比流得近的速度要慢。

$t=s/v$ 得到的时间数字的标尺意义是这样的：

比如 $t=4$ 小时，就是这个物体移动的过程与太阳光从山坡移动到山下的过程（假设等于 4 小时），或用树影来衡量，把树影一个白天的刻度分为 10 份（假设等于 10 小时）。

这与用水沟放水作标尺的作用与意义完全是一样的，前者用了水有规律的运动，后者用了太阳光有规律的移动。

这里的 t 是借用计时系统来描述或比较物体的运动速度，时间起一个标尺作用。

如果要反映物体运动的速度，必须用到运动的物体作标尺来衡量。

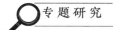专题研究

运动与时间（存在）无关的一个实例——煮菜过程分析

分析用木柴煮菜的过程，由生菜煮成熟菜（由硬到煮成软、改变菜的一些状况），称之为过程，这个过程与宇宙中存在的时间有关吗？其实由生菜煮成熟菜就是一次热运动。

由生菜煮成熟菜，取决于木柴提供的热量多少，菜的自身性质、大小、疏密等，还有看不见的大气压。与宇宙中假设存在的时间没有任何关系，如果有关系，这种时间在煮菜过程起什么作用？

问题来了：有人提出生菜煮成熟菜，经过一过程，用计时器记录比如为 30 分钟，这不是要用到时间吗？

这里混淆了两个概念：第一，过程不是时间，过程是宇宙中的性质、规律。细分析此过程：生菜在热能的影响下，菜的形状、大小等开始顺次变化，直到能够吃的状态。第二，用了多少时间是指计时的时间，不是存在的时间。

很多人本身有一个根深蒂固的观念：首先头脑中就认为宇宙中存在一种时间，所以难以走出不存在时间的逻辑圈。特别容易把事物经过的"过程"当作时间，殊不知"过程"并不是宇宙中存在的时间，而是宇宙中的性质、规律。比如一般情况下：水往低处流、物体从高处落向低处、太阳光有热量、水是液态等，这些是宇宙中的规律或性质，不是宇宙中一种存在的物体。

即使非得把"过程"作为"时间"，但它与宇宙中存在的时间是完全不同的意义，这种"时间"表示的是一种"过

程"，是宇宙中的规律、性质，而非一种存在的物体。

如果一个人头脑中没有时间观念，包括现代的计时时间的概念，那么来理解由生菜煮成熟菜这一过程根本与宇宙中存在的时间无关可能更容易。

我们来分析：

在过去较远的古代，一个没有受过任何教育的人，这个人的头脑中根本没有任何时间观念。

第一次，他采取观看、品尝、感觉的方式来判断菜熟没有，直到最后确认熟了，从锅里铲出吃了，这次煮菜的事件就完成了。

菜从生到熟的过程，这本身是菜的性质及宇宙的规律决定的。整个事件并没有一种存在的时间在这件事里面起作用。也就是整件事根本没有时间（包括计时时间，因为假设当时根本没有建立计时时间，也没有钟表等计时器），这个人头脑中没有任何时间观念。

他每天就这样煮菜，每次凭观看、品尝、感觉的方式来判断菜煮熟没有，这样就会出现问题，可能有很多次判断失误，菜还没熟就起锅了。

如果能够找到一个办法来衡量：从生菜下锅到熟菜起锅整个过程，这样就能对整个过程起到标尺作用，每次把生菜放到锅里，就用不着观看、品尝、感觉，只要看标尺，只要每次相等，煮出的菜就是一样的了。

可以想一个简单的办法：

每次煮菜去看门前的树影，用它作标尺，从生菜下锅到起锅，树影移动的距离相等；或者每次煮菜时，用一个水容器盛满水，然后在水容器底部开一孔，用此作标尺，每次从生菜下锅到起锅，让滴漏的水相等。

　　这就是计时时间的最初模型，这样也非常容易理解计时时间的本质，它就是用有规律的运动作标尺，去衡量另外的运动物体得到一种结果，并非表示宇宙中存在的时间。

　　在上述过程中，也没有存在的时间这个因素。

　　之所以人们难以从宇宙中存在时间的怪圈中走出来，是因为头脑中有一个"存在时间"的观念。正是受此逻辑缠绕，所以对时间无法正确认识，也难以分清计时时间和存在时间的本质，从而把计时时间与存在时间混淆在一起。

二、时间与运动的关系

　　运动可以与计时的时间无关（不用时间而用其他有规律的运动做标尺），但也可以借用计时的时间作为标尺来反映运动速度、状态。

　　时间离不开运动，是建立在有规律运动的基础上。

　　计时时间是来源于稳定的、有规律的运动。地球围绕太阳运动得到太阳光的规律变化，反映为路程、位置、长度，至于这种运动最初是怎样来的，为什么有这种运动规律，不是计时系统研究的范畴。

第十一章 现在、过去、未来及一些用于时间的词语、句子表示的时间本质意义

前面探讨了时间的来源、本质。第一种时间：记录地球、月球、太阳互相运转关系，最终反映为在地球上形成有规律的、稳定的光线变化过程及自然现象；第二种时间：用有规律的运动作为标准，人们主动或被动认可、执行、安排个人行动及群体活动。

那么，现在、过去、未来及一些用于时间的词语和句子表示的时间本质就与它们有关，它们表示的时间意义可以与地球围绕太阳运转、有规律的运动具体地结合起来。

◎第一种意义的时间

"**现在**"指太阳照射到地球的某个位置（可以用经度准确表示出来，或者指地球围绕太阳运转的轨迹位置），可以把位置具体反映到地球的经度上。

"**现在**"所指的具体时间，反映到地球上则是太阳光照射到地球具体位置的一条经线（见图 11-1）。

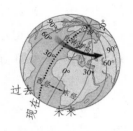

图 11-1　现在、过去、未来示意图

比如现在为"9 点 10 分"，则指太阳照射到了地球的经度为多少度的位置。

在纽约 8 点说的"现在"与在北京 8 点说的"现在"，太阳光线照射到地球的位置肯定不一样，前面我们讨论了用时区建立世界统一时间的原理。

如果以当地一些具体事物作参照物，"现在"则可以具体到太阳光形成的树影移动到的位置，或以当地的山峰为参照物，太阳光正照射到了某个位置。

过去：以"现在"这条经线为标准，这条线左边的区域表示地球围绕太阳已经公转了多少圈，地球围绕太阳已经自转了多少圈；如果要直接用"月"来表示，则加上月球围绕地球已经转了多少圈；如果要具体到小时、分、秒，则加上地球围绕太阳自转到了哪个具体位置，可以用经度准确指出。

未来：以"现在"这条经线为标准，这条线右边的区域表示地球围绕太阳公转、自转，月球围绕地球运转会持续下去；如果具体到年、月、日、小时、分、秒，表示地球围绕太阳公转会持续多少圈，地球围绕太阳自转会持续多少圈；如果要直接用"月"来表示，则加上月球围绕地球会持续转多少圈；如果要具体到小时、分、秒，则加上地球围绕太阳会持续运转到哪个具体的位置，可以用经度准确指出。

"现在""过去""未来"也可以泛指，可以把太阳照射的位置（或地球围绕太阳运转的轨迹位置）拓宽，比如把2017年或更长的一段时间作为"现在"，而不是把某个小时或分作为"现在"。当然2017年（或更长的一段时间）以前就是过去，2017年（或更长的一段时间）以后就是"未来"。同理，"现在""过去""未来"还是反映地球围绕太阳运转的一种状态。

◎第二种意义的时间

以原子运动为标准的计时系统，现在、过去、未来表示的意义与以天文时的计时系统不一样。

假定原子辐射运动的某次为始点开始计数，记为 N 次。

现在：N 次就是现在，表示原子辐射运动正在进行，即表示现在的时间。

过去：N 次前面原子辐射运动已经完成的，即表示过去的时间。

未来：N 次后面原子辐射运动会持续进行下去，即表示未来的时间。

★有关表示时间的词语表示的意思：时候、时刻、光阴、时辰，其中共同表达的一个意思应该是"时刻"，就是

太阳光运动到作为计时器的某个刻度或某些自然物（树影、
山影等）的点上。

　　★"前天上午9点我们正在吃饭"。如果以今天上午9
点时在原地说这句话为参照，表示地球已经围绕太阳运转
了2圈，太阳照射到今天说话位置的时候，我们正在吃饭。

　　"后天晚上10点叫醒我"。如果以今天晚上10点时说
这句话的位置为参照，表示地球将围绕太阳运转2圈，太
阳照射到今天说话位置的时候，叫醒我。

　　★有关时间的表述"一寸光阴一寸金，寸金难买寸光
阴"，这种对时间的表述最准确。

　　因为过去用箭刻来表示时间，水漏通过水的流动最终
反映的是箭刻的长度；圭表、日晷在阳光下使用最终形成
有长度的影子，通过影子的长度来反映太阳光移动形成的
距离。"一寸"表示的是太阳光移动过的路程最终反映成一
段箭刻或影子其中的"一寸"长；"光阴"表示的"太阳光
线"，"一寸光阴"表示的是太阳光线在白天移动过的一段
距离。在没有照明技术的时代，人们的行动都是安排在白
天进行，肯定要利用好白天赶紧做事、安排生产。那时的
太阳光线就相当珍贵，不像现在还可以利用照明技术在晚
上做事。太阳光线珍贵到什么程度？"一寸光阴"相当于
"一寸黄金"，黄金为什么用"寸"来计量？古代计量单位
是斤、两等，也没有"寸"，古代黄金有铸成固定的质量，
"一寸长、一寸宽"大概是一斤。

　　★"没有时间"表示的本义是什么？

　　其实与时间没有关系，借用时间来表示人处于的一种

活动、行动状态，比如在挖土、在工作、在开会、在开车、在用电脑、在跑步等，无法同时进行其他行动、活动，并不表示"不拥有时间"或"把时间丢失了"。

"没有时间"与"没有空闲"是一样的意思，"空闲"表示人处于的一种状态：没做事、没活动。"没有空闲"就是"空闲"的反面，"没做事、没活动"的反面就是"在做事、在活动"。

★"时间紧"表示的本义是什么？

其实与时间没有关系，表示人处于的一种活动、行动、状态的程度：激烈、快速、紧张等。

第十二章　时间的方向：单向性、倒流（逆转）、循环等问题

一、单向性

因为宇宙中没有存在的时间（时光），至少目前还没有发现这种存在的时间（时光），所以它的方向性我们不讨论。

这里只讨论计时系统的方向问题。

时间系统已经建立，地球的运转和原子辐射运动要继续，记录这种运动数字就要一直累加下去，同时也表示地球运转或原子运动会持续下去，即使地球不存在，人类移居其他星球，但以原子时建立的时间因为原子运动会继续，还是可以进行累加。

以公元 0 年开始作为日历的起点，那么公元前 1 年是不是方向就是反向的呢？

肯定不是，它的本义是这样的：公元前 1 年表示，若以 0 年为标准地球围绕太阳公转 1 圈，公元前 1 年比 0 年少转了 1 圈，公元前 2 年比 0 年少转了 2 圈，月、日、小时、分秒，原理、本质相同，依此解释。

在数轴上公元前是反方向计时，但它表示的本义还是

离 0 点越远，地球围绕太阳公转圈数依次递减。

重点内容

"过去离我们越来越远"如何解释

本质：是指以曾经出现或存在的人或事物为起点，地球围绕太阳公转圈数在递增，计时的数字在累加。而不是指一种存在的时间（时光）在流走，距离我们越来越远或存在的时间（时光）在向反方向运动。

二、时间能倒流（时光逆转）吗？

德国科学家称光速限制可突破，时光逆转或成真

2007 年 8 月 16 日消息，据英国《每日邮报》15 日报道[1]，两名德国科学家对外界宣布，他们发现在特殊条件下，光速限制有可能被突破。

根据爱因斯坦狭义相对论，任何物质在任何状况下的速度都不会超过光速 299 米/秒、792 米/秒、458 米/秒。从理论上说，如果超过光速，时间将会出现倒流。

两位德国科学家声称，利用量子隧穿效应（Quantum Tunnelling），他们找到了让光突破自己速度限制的方法。[2]两位德国科学家的实验是让微波光子粒子通过两个棱镜并进行观测得出。当两个棱镜分开时，大部分粒子都被第一个棱镜反射然后被探测器发现。但是，他们发现，有部分粒子却"隧穿"过了两个棱镜之间的间隙并被第二个棱镜反射回到探测器。尽管这部分粒子比大部分粒子穿越的距离要长，但是，两部分粒子却是同时被探测器发现。这也就是说，产生"隧穿"的光子粒子的速度超出了光速。[3]

德国科布伦茨大学教授 Gunter Nimtz 表示："目前，这是唯一违反狭义相对论的一种现象。"[4]

1. 时间倒流（时光逆转）的是含义是什么

作为计时系统的时间是不能倒流的，因为是一个标准，要倒流就要修改计时的标准。倒流的具体含义是什么？计时的年、月、日是一个数字累加过程，倒流就是改写计时系统：重新计时，数字从大到小？所以计时系统的时间不可能倒流。

或者让地球围绕太阳反转圈，但即使这样也难让计时的时间倒流。

2. 假设存在时间（时光）倒流，倒流的具体情况是什么

假设一颗子弹的速度超过光速，时间（时光）倒流的具体情况是什么？子弹周围的时间（时光）倒流或是整个宇宙的时间倒流？时间（时光）倒流后对周围有什么影响？

假如一个内部有空间的飞行器超过光速造成时间（时光）倒流，这是指外部周围的时间（时光）倒流还是指内部的时间（时光）倒流？

比如一个有规律运动的机械（不看成是钟表，不与计时器联系，不然又会把计时器当成是记录时间，而把结果与计时的时间联系起来），如果时间（时光）要倒流，是指运动器械内部的机械要倒着运转或者是整个器械的位置要往后移动？

因为本身没有存在时间（时光），即使有存在的时间（时光），当具体地考察倒流情形后，也难形成一种倒流的情形。

时光为何不能倒流？量子涨落为它规定方向 [5]

2015 年 11 月，一个物理学家国际团队测出了一个微观量子系统的无序性，即所谓的"熵"（entropy）。他们希望这能帮助人们搞清楚"时间箭头"（the arrow of time）的来源，即时间为何总是从过去流向未来。在实验中，他们用一个振荡的磁场不停翻转碳原子的自旋，并将时间箭头的产生归结于两个不同原子自旋态之间的量子涨落。

他们希望这能帮助我们搞清楚"时间箭头"（the arrow of time）的来源，即时间为何总是从过去流向未来。

"时间是有方向的，这就是为什么我们记得昨天发生了什么，却不知道明天会发生什么。"团队成员之一，在巴西 ABC 联邦大学研究量子信息的物理学家 Roberto Serra 说。他认为，从最根本的层面上讲，时间的不对称性与量子涨落有关。

破镜难重圆

在日常世界里，我们通常都把时间箭头的存在看作是理所当然的事。我们会看到鸡蛋被打碎，但不会看到蛋清、蛋黄和蛋壳重新聚合到一起形成完整的鸡蛋。虽然在我们看来，自然定律显然是不可逆的，但物理学却没有任何机制会阻止这样的事情发生。只看动力学方程的话，鸡蛋碎掉的过程完全是可逆的。不仅完整的鸡蛋能被打碎，碎了的鸡蛋也能重新合上。

理论分析：这混淆了时间所探讨的范畴，这不是时间领域的问题，应该是宇宙中万事万物存在的规律、形式问题。至于是否存在如鸡蛋被打碎，然后又从碎鸡蛋中形成完好的鸡蛋这种逆转过程，这其实不是时间倒流形成的，不属于时间研究的范畴，应该是宇宙中事物存在的形式、规律。这种倒流在下节时间的循环（轮回）里面将讨论。

　　然而，熵（entropy）这个概念给我们提供了一扇了解时间箭头的窗口。大多数鸡蛋看起来都一样，但打碎的鸡蛋可以呈现出多种多样的形状：它可以是被一下敲开并搅拌均匀的，也可以是碎在地上、溅得到处都是，而正是因为无序态的数目远多于有序态，系统才更容易向无序态发展。

　　这种从概率角度进行的推理就是热力学第二定律的核心，它认为封闭系统的熵永远是随着时间增加的。根据第二定律，时间不可能倒回过去，因为这样会导致熵减少。对于由大量互相作用的粒子所组成的复杂系统，如鸡蛋，这个论证很有道理，但对于只包含一个粒子的系统呢？

未明领域

　　Roberto Serra 和同事们通过测量液态三氯甲烷样本中全体碳 13 原子的熵，深入探索了这一含混不清的领域。尽管样品包含了约 1 万亿个三氯甲烷分子，但其分子具有不发生相互作用的量子特性，这意味着相当于在同一个碳原子身上重复了很多次实验。

　　Serra 与同事们给样品加了一个振荡的外磁场，它会不停地翻转碳原子的自旋态，即在向上和向下之间来回转换。研究人员慢慢提高磁场的振荡速度以提高自旋翻转的频率，随后又慢慢降到原来的值。

　　如果系统是可逆的，那么到最后碳原子自旋态的分布就会与初始情况相同。然而，Serra 和同事们通过核磁共振和量子态断层摄影术发现，最终碳原子自旋态的无序性比初始状况增加了。由于这个系统是量子性的，这就等价于单个碳原子的熵增加了。

研究者表示，单个原子的熵之所以增加，是因为它们的自旋被迫翻转的速度过快。由于无法跟上外磁场的振荡速度，原子只能开始随机涨落，就像舞蹈初学者跟不上快节奏的音乐一样。"跳舞的时候，慢节奏的音乐总是比快节奏的音乐简单一些。"Serra 说。

事情还没完

在美国得克萨斯大学奥斯汀分校，同样研究量子系统不可逆性的实验物理学家 Mark Raizen 说，这个研究组的确观察到了量子系统的时间箭头。但他也强调，他们并没有观察到时间箭头是如何"产生"的，"这一研究并没有让我们完全理解时间箭头，还有许多问题有待解决。"他说。

这些问题中的一个，就是时间箭头与量子纠缠之间有何关系？量子纠缠是指两个粒子之间的即时相互关联，甚至在两个粒子相隔距离遥远的时候也依然存在。这一概念诞生已经将近三十年，最近热度又有所增长。然而，时间箭头与量子纠缠之间的关联与熵的增加关系不大，更多的是与量子信息不可阻挡的扩散有关。

不过，Serra 相信通过更好地驾驭量子纠缠，可以在微观系统中实现时间箭头的逆转。"我们正在研究此事，"他说，"在下一代的量子热力学实验中，我们或许就能一探究竟了。"[6]

　　理论分析：
　　（1）此处的时光指的是假设宇宙中存在的时间（时光）。
　　（2）量子涨落决定时间（时光）不能倒流，研究的不是计时时间，是存在的时间（时光）。前面分析了计时时间的单向性，它无法倒流（逆转）。

（3）本文混淆了计时时间和假设存在的时间（时光）问题，即时间为何总是从过去流向未来。

前面分析过不存在一种从过去流淌向未来的时间，计时时间从过去到未来如何解释？是指以出现、存在的人或事物为起点，地球运转还会继续，转圈数在递增，计时的数字在累加。

宇宙中并不存在一种时间（时光）在流走距离我们越来越远，也并不存在一种时间（时光）在向反方向运动。

"时间是有方向的，这就是为什么我们记得昨天发生了什么，却不知道明天会发生什么。"

以上问题包含两个不同的问题，第一是"发生了什么"是宇宙中万事万物的存在形式问题；"昨天""明天"才是时间问题。

这与宇宙中存在的时间（时光）无关，也与计时的时间无关，因为这本身不是时间造成的。"我们记得昨天发生了什么"，是因为存在与记忆的有关系造成的；"不知道明天会发生什么"，"明天"虽然是时间，它的本质却是明天，表示未来；"未来"是指任意划定的一条地球围绕太阳转圈的起始线。起始线作为现在，这个线后面的，地球围绕太阳公转、自转，月球围绕地球运转会持续下去。未来是假设地球转圈还会继续，假设地球还会围绕太阳运转，人类还会存在。而明天非常确定，以今天为起始线，地球自转1圈的过程。

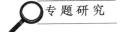专题研究

如果超过光速，时间将会倒流吗？

从理论上说，如果物质的运动超过光速，时间（指存在的时间，本专题没有指明的情况下，都是此含义的时间）将会出现倒流。

（1）时间倒流的情形。有一个参加 1000 米比赛的运动员，为了备战，教练及团队要为他做很多训练工作，然后他进入了 1000 米跑道，由慢至快地与其他运动员一起赛跑。

这个人的速度取决于哪些因素呢？在赛跑前训练组要做很多分析，把影响速度的相关因素一一列出来，然后进行对比分析。

这些因素包括：此人的身体素质：高矮、体重、爆发力、耐力，还有饥饿状况、风速、地下摩擦等因素，但这些"因素"中，可以说，这个人跑得快慢（速度）完全与宇宙中存在的时间无关！

到目前没有谁在训练运动员时会列出时间这个因素。

记住，这里说的是与这个人速度有关的众多"因素"中（强调的是——"因素"），没有时间这个因素。前面说了，决定这个人快慢的众多因素包括：身体素质、饥饿状况、风速、地下摩擦力等，这些因素的作用分别是：身体素质决定此人跑步时是否有力；饥饿状况决定此人比赛时能否使出力；风速决定顺风能够起助力作用，逆风起阻力作用；地下摩擦力影响速度。如果存在时间这个"因素"，那么它对此人的快慢起什么作用？阻力？摩擦力？作用力？然而都不存在这些作用，所以影响此人速度的因素中没有"宇宙中存在的时间"这种因素。

　　至于他跑步的结果，就是用计时器得到一个值，前面分析了这个值是计时的时间，是借用计时时间来表示的，最终本质反映的是用一种有规律的运动作为标尺来衡量另外的运动得到的结果。其实也可以完全不用计时器来记录，而用其他有规律的运动物体作为标尺来衡量，同样可以得到一个比较值。

　　如果有多人参加比赛，完全可以不用计时器或其他运动物作标准来衡量他们的快慢，因为最初的运动点（起跑线）是一致的，谁先跑到终点谁就跑得快，按此顺序得到其他人的结果。

　　如果不是为了比较与其他人（其他次）运动的快慢，完全没有必要用计时器记录这个人跑步得到一种结果。他跑步从起点到终点运动的完成，整个过程中也无任何时间因素，也无计时时间。

　　之所以要用计时器记录下这次运动的结果然后得到一个值，是为了与其他人的运动或其他次运动进行比较，然后得出运动快慢的结果，但这种处理方法，只是增加了计时时间，同样没有存在的时间的作用。

　　这里存在一个逻辑问题：有人会提出教练及训练团队在分析运动员运动的快慢时，会考虑到时间这个因素，跑的时间短，速度当然快。

　　这个想法有几个逻辑问题：第一，这里的时间不是影响快慢的一种因素，只是一种运动的结果，如果是因素，时间在这里起什么作用？第二，运动得到一种结果是用计时器来记录的，它是计时时间，不是存在的时间。

　　这个人加快了跑步速度，假如他有了某种力量，就像孙悟空的筋斗云，或者就如动画里的机器人，他变成了一个机器，速度超过了光速，时间就会出现倒流吗？

倒流的具体情况是什么？

是这个人身边的时间开始倒流或是整个宇宙的时间倒流？如果是机器，是这部机器完全封闭的内部的时间倒流？或是指外部周围的时间倒流？这种倒流如何测量？

有人立即想到用记录时间的钟或手表去记录或测量。

如果把钟或手表放置于这部高速飞行的机器完全封闭的内部或外部周围，钟或手表应该有什么反应？

钟或手表的指针具体表现是什么？

倒流的表现是让钟或手表的指针反向运动？或是让整个钟或手表的内部运动装置反向运动？很显然，任何一种反向运动都会让钟或手表的运动装置遭到损坏而停止运动。结果是用钟或手表无法测量这种倒流。

或者是时间倒流，让钟或手表的位置要往后移动？往前移动？

还要弄清楚一个重要问题：这里用钟或手表去测量这种可能产生的时间倒流，钟或手表只是作为一种运动工具，它即使能够记录这种倒流的情况，反映的也不是时间，反映的是一种快速运动对另一种运动的影响。而只不过是借用作为计时时间的钟或手表，其实这里完全可以不把钟或手表作为一种计时器，只作为一种运动物体。或者不用钟或手表来记录这种状况，而用另一种运动物来代替。

即使用来现场测量的钟或手表能够反向运动，但也不能得出计时时间能够倒流，只能得出超过光速的运动对另外的运动会形成反向运动。

这个人（机器）的初始运动，在与速度有关的因素中并没有时间这个因素，当这个人（机器）离开地面速度加大时，甚至超过光速时，与哪些因素有关呢？是否会增加时间这种因素呢？

离开地面的运动，与地面的摩擦力无关了，但随着速度的增加与空气摩擦力增大，那么这种情形就成了高速飞行的火箭或登月飞船飞行的情形，当远离地球后，影响速度的因素就没有了空气阻力和摩擦力。机器的速度与它的构造和动力燃料等因素有关，而此种状况同样没有时间这个因素。

目前，已经制造出速度很快的火箭、登月飞船，好奇号火星探测器已经着陆火星了。旅行者1号是由美国宇航局研制的一艘无人外太阳系空间探测器，于1977年9月5日发射，截止到2017年仍然正常运作，它已经进入太阳系最外层边界。

制作这些快速飞行器时，它的运动速度取决于构成的材料、动力来源、机械构成，没有飞出大气层时，会考虑空气的阻力，有太阳光的照射及没有太阳照射时的温度变化等因素，但就没有时间这个因素。这些飞行器的速度决定它能够到达的位置，是由这个飞行器自身的一些因素决定的：材料及动力、机械构造等。

这些飞行器飞行的过程或结果，我们用计时器记录下来，同样是用计时时间来完成的，它的本质同样是借用一种运动物体作为一种标尺衡量的结果。

随着速度增加，这些飞行器超过了光速，这种情况下时间会倒流，时间是从哪里来的？因为前面探讨了在整个飞行过程中，并没有时间这个因素，就是说这些飞行器的整个运动过程与时间无关，倒流的时间从哪来的？时间对飞行器的高速运行起什么作用？

很显然，即使运动物体超过光速，也与存在的时间无关，因为在与物体运动的众多有关因素中根本就没有时间这个因素，就无从考察时间倒流的情形。

（2）有人会抬出哲学观点来解释。一种哲学观点认为：时间和空间是构成宇宙的两大要素，这是宇宙的本质。认为运动必须与宇宙中存在的时间有关，其实这种认为就如运动与一种永远无法探究的魔力有关，是一种无法探究的魔力在支持运动，是等效的命题。既然无法探究存在的时间是什么，其实与无法探究的魔力是什么一样，作为一种假设的存在对自然科学根本没有意义。也如过去假设宇宙中存在一种"以太"一样，没有任何观测证据表明"以太"存在，因此"以太"理论被科学界抛弃。

这种哲学观点是在没有弄清时间的本质情况下形成的，特别是没有弄清计时时间的本质。而当自然科学已经能够清楚解释时间的本质的时候，再把时间作为一种哲学概念、哲学观点已经失去了意义。再抬出这种哲学观点来作为科学理论的挡箭牌，自然就站不住脚。

（3）物质超过光速时间将会出现倒流，关键是确定有无存在的时间。认为任何物质超过光速时间将会出现倒流，这里的时间是假设宇宙中存在的一种时间，就像宇宙中存在一种类似空气的物质，当喷气式飞机飞过时，周围的空气会出现倒流，然而这里飞机飞行速度还与空气有关，是影响飞机速度的一种因素，空气对飞机的速度有浮力、摩擦力、阻力作用。

而宇宙中真的存在一种像空气那样的时间吗？

在过去科学不发达的时代，有可能误认为时间是流水、空气、阳光，科学发展到今天已经肯定这些都不是时间。

前面也分析了原子、质子、电子、夸克等，磁场或电波、光波、电磁波、引力波、宇宙中的射线等这些都不是存在的时间。还有当今科学界极力探寻的暗物质，测量暗物质的设备非常先进，能测高能粒子的能量、方向和电荷，并具备鉴别粒子的本领，但对时间根本找不到任何痕迹。但是暗物质也不是存在的时间，如果把暗物质当成时间，那么宇宙中没有暗物质的地方就不存在时间？这与存在的时间充满宇宙又相矛盾。当然把暗物质当成是宇宙中存在的时间，这只是一种假设，本身也不成立。

时间是什么形态？是什么物质？有什么性质？对宇宙中的万物有什么影响？到今天，对这种宇宙中存在的时间根本无法研究。

即使随着科学的发展，探寻到了宇宙中确实存在一种充满宇宙的新物质，但这种物质会被命名为一种新的物质名，它同样不是宇宙中存在的一种时间所赋予的那种本质。

因为宇宙中根本不存在时间，是假设的一种存在，过去人们没有弄清计时时间本质的时候，人们假设一种存在的时间来度量宇宙中万事万物的存在，并从哲学理论认为它是宇宙本身存在的形式。其实这是没有弄清计时时间和存在时间的本质所产生的错误认识。

（4）即使宇宙中存在一种时间，物质运动超过光速时会倒流，还必须先解释清楚物质运动对这种存在时间有什么影响，它们之间有何关系，然后才是倒流的情形。就如前面提到的飞机运动时，空气会形成倒流，是因为飞机的运动与空气有关，飞机高速运动时对空气的流动要产生影响，然后才是空气倒流的情形。然而至今没有找到物质的高速运动与存在时间有任何关系。其中要用到一种时间来记录飞行的过程和结果，但这是用的计时时间，而人们往往混淆了这种时间的本质，所以误认为物质的运动是与存在的时间有关。

（5）作为计时系统的时间是不能倒流的。因为这是一个标准，要倒流就要修改计时的标准。计时的年、月、日是一个数字累加过程，倒流就是改写计时系统：重新计时，数字从大到小？所以计时系统的时间不可能倒流。

认为物质的运动超过光速时间就会倒流，得出这种结论的原因在于：混淆了人为建立的计时时间和假设宇宙中存在一种时间的本质。

（6）把物质运动发生的位置顺序变化过程误认为宇宙中存在的时间。还有一种观点认为，物质的运动与时间有关，是物质的运动要发生位置顺序变化，把这种位置顺序变化过程作为时间。宇宙中物质运动必须发生位置顺序变化，这是宇宙中一种规律和本质，并不是宇宙中存在的一种时间所决定的，也不能作为一种存在。存在与规律、本质是不同的概念。

即使把宇宙中物质运动必须发生位置顺序变化视作"时间"，这种意义的时间同样无法倒流也无倒流的意义，而且这种时间与宇宙中存在的时间已经完全不同。人们普遍关注的是宇宙中存在时间的意义和本质，通常与计时时间混淆的也是假设存在的时间。

三、时间循环（轮回）的意义

无论存在的时间（时光）或计时的时间都不可能形成循环（轮回），在前面已讨论，原理相同。

宇宙事物的运动、存在能否循环（轮回）是另一回事，这种循环（轮回）不是时间造成的，我们可以讨论这种循环（轮回）。

循环（轮回）：是指形成圆圈或直线往返的运动，而倒流是相对前进的运动。

玛雅文化记载宇宙是循环（轮回）的存在。

循环（轮回）的存在分两种情况：所有万事万物的重复，部分重复。

佛教讲到人的灵魂存在是循环（轮回）的转世，就是人死后，灵魂可以重新回到人世间。

宇宙中的事物能否循环（轮回）的存在，需要利用自然科学和哲学理论深入研究。

图 12-1 是一组反映事物连续活动过程的照片。

图 12-1　事物连续活动的过程

为了不与时间混淆，把图片上的数字看成是一种记录图片先后发生的顺序，这个过程是以单张图片为单位。

如果发生循环或倒流，则是指从图片 03：55 至 00：14，图 01：43 有只猴子在吃东西，如果要发生循环，那个猴子吃的东西也要吐出来。

因为这个过程是用单张图片为单位记录的，而现实中事物发生、运动、存在的过程并不是以单张图片为单位的，是一个连续的过程，这种循环或倒流能够发生吗？

猴子吃的东西已经被消化了，如何完全还原呢？

当然这个过程可能部分循环或倒流，在这个过程中，有的事物就无法还原了，比如猴子吃的东西。

如果完整循环或倒流，整个过程只要缺失了一个要素就无法循环。

要扩大到更大的范围去找到失去的一个因素，比如猴子吃下的东西，要扩大到猴子的胃及整个消化系统，更大范围的循环就更难了。

用人从生到死的过程来举例，全部倒流的过程：以前从生到死，从母体生下成长然后衰老到进坟墓；而倒流后是从死到生的过程，从坟墓出来然后从衰老到年轻再进入到母体。

要实现这种倒流，从逻辑上来说，根本不能完成。

还有一些情况：以前的人或事物能重新复活或出现，这种单一或部分事物的重新出现，不能当成是宇宙中的循环或倒流；环境、动物、植物等与以前某个时期相似，比如与恐龙时代、冰川时代相似，这也不是时间循环、倒流的原因，这是宇宙运动的结果，形成了与以前某些时代相似的环境或动物。

注释：

1. Peter Weiss （June 10, 2000）. Light Pulses Flout Sacrosanct Speed Limit. Science News （Science News, Vol. 157, No. 24）157（24）.

2. Nimtz, Günter. On Virtual Phonons, Photons and Electrons. Found. Phys. 39（1346）: 2009.

3. G. Nimtz and A. A. Stahlhofen, Universal Tunneling Time for All Fields, Ann. Phys.（Berlin）, 17, 374, 2008.

4. G. Nimtz, A. A. Stahlhofen （2007）. Macroscopic Violation of Special Relativity. arXiv: 0708.0681.

5. 乔恩·卡特赖特（Jon Cartwright）[N]. 环球科学, 2015-11-14.

6. Jon Cartwright. Physicists Put the Arrow of Time Under a Quantum Microscope, physics world, Nov 12, 2015.

第十三章 能进行时间旅行及穿越时空吗？存在或能制造时空隧道吗？

一、有关时空穿越、时间旅行的错误说法及观点

自从赫伯特·威尔斯（Herbert Wells）于 1895 年发表了著名小说《时间机器》（*The Time Machine*）以来，时间旅行便成为科幻小说中的热门话题。尽管威尔斯并没有提出时间机器如何制造，但驾驭时间机器穿越过去和未来的幻想确实令人激动。

幻想往往与现实相悖，也违反人们的"常识"，因此严肃的科学一般对科幻是不屑一顾的，常常拒其于科学大门之外。对于时间旅行来说，除了违背我们的"常识"之外，还会在哲学上产生一些悖论，如著名的"祖母悖论"等，违反因果原则是显而易见的。正因为如此，它难以得到科学的青睐，关于时间旅行的幻想百年来只能是人类的一种奢望。

在威尔斯的小说发表 10 年后的 1905 年，爱因斯坦提出了"狭义相对论"；在 20 年后的 1915 年，他又提出了"广

义相对论"。相对论正是描述关于时空的理论，其中关于"双生子佯谬"的争论就涉及时间旅行的问题。

自从相对论提出之后，主流科学家们对与相对论有关的时空弯曲、黑洞、宇宙大爆炸等表现出极大的兴趣，但对并不违反相对论理论的时间旅行却很少有科学家注意。

这也许是因为还没有足够的理论准备。

从 20 世纪 70 年代起，有少数理论物理学家开始研究这个话题，但也只是作为科学家的业余兴趣，因而关于时间旅行问题一直处于主流科学的边缘。

近些年来，越来越多的理论物理学家开始关注这个问题，把这项研究看作是严肃的科学问题。澳大利亚的保罗·戴维斯（Paul Davis）是世界知名的物理学家，他写了一本名为《如何制造时间机器》（*How to Build a Time Machine*）。

很多人想从爱因斯坦的广义相对论中去找到某些情况下允许回到过去的思想，有些物理学家试图寻找符合相对论的时间旅行的方法。值得一提的是，基普·索恩（Kip Stephen Thorne）为了解决其好友、著名科普作家卡尔·萨根（Carl Edward Sagan）提出的"利用虫洞（wormhole）作为穿越时空捷径的幻想是否有理论依据"[萨根在 1985年出版的《接触》（*Contact：A Novel*）一书中使用了虫洞作为时间旅行的通道]，他对虫洞进行了细致的研究，创建了虫洞的理论模型。索恩还用到了量子论中的负能量概念，给出了利用虫洞进行时间旅行的可能途径。[1]

有关时空穿越、时间旅行的错误说法主要体现在以下几个方面。

1. 假设宇宙中存在一种时间

这种假设又说不出这种存在是何种物质，有什么特性、形态是什么等，并假设它充满整个宇宙。但前面已讨论了这种假设的时间（时光）根本不存在。

2. 把假设存在的时间（时光）当成是影响万物生长、衰老过程的决定因素

这完全混淆了影响万物生长、衰老过程的因素决定于自然界及本身的性质，比如飞蛾存在的过程与乌龟存在的过程完全不同，后者比前者要长，但同样处于假设的时间（时光）中，这个过程取决于构成它们本身的物质特性不一样，与假设的时间（时光）无关。前面也讨论了决定万物生长、衰老的原因可能是基因因素。

3. 混淆了宇宙中存在的时间（时光）和计时的时间

即使宇宙中存在一种时间（时光），但存在的时间（时光）与计时的时间完全不一样，两者没有任何关系。过去、现在、未来以及日历所记载的时间，都是作为计时的时间系统。

而时空穿越、时间旅行是用假设存在的时间（时光）的概念，又穿越、旅行到计时系统，把风马牛不相及的事物混在一起讨论，比如从时空穿越到1903年5月2日，某人祖父因病去世的日子。

"1803年5月2日"表示的时间意义是：以耶稣出生为起点，地球围绕太阳已经公转了1803圈，月球围绕地球公转了5圈，地球围绕太阳自转了2圈，如何穿越到这种意义的时间？难道要太阳、地球、月球反向运转回到那个

点？一方面，即使能够反向运转回到那个点，这也是第二次重复运转，第一次的运转已经发生了，只不过是反向运转到原来的那个点，计时系统的日历还是会累加记录，计时系统不会停止显示为 1803 年 5 月 2 日；另一方面，要太阳、地球、月球反向运转回到那个点，整个宇宙的事物就要完全改变，要人为实行这种反转完全不可能。

4. 混淆了有关运动的本质，把决定运动的一些因素当成了时间

比如引力，时钟距离重力源越远运转越快；反之，越靠近重力源运转越慢。依照这一理论，美国科学家借助超级精准时钟验证了处于不同高度时钟的速度变化，结果发现所处位置越高，时间过得越快。这个实验其实是借用了作为计时器的时钟运动来反映的，实验结果表明：引力、高度与运动有关，与时间（时光）或计时的时间没有任何关系。

又如"双生子佯谬"，是假设事物的生长、衰老过程与运动速度有关，而与存在的时间（时光）或计时的时间没有关系。

5. 不存在时空隧道

宇宙中不存在时间（时光），而计时系统的时间是人为制定的一种标准，更不存在时空隧道。日历中的年、月、日是把地球围绕太阳转圈的次数进行累加，所以时间是单向的，过去、现在、未来也是表示这种转圈过程已经发生、正在发生、假设会持续发生。这种时间更是不存在时空隧道。

再来看，现在经常在一些资料中提到的一些时间说法，比如穿越或旅行到恐龙时代、史前时代，这些说法都是错

误的。

再有，现在有些学术观点认为，宇宙黑洞要吸收时间，这种说法也是没有意义的，因为假设的时间（时光）并不存在，作为计时系统的时间是人为标准，根本无法谈及黑洞吸收。

二、解析时空穿越、时空旅行理论的错误

时间机器何时启程 [2]

"时间旅行是可行的，而且我们知道如何去完成它。"保罗·戴维斯（Paul Davies），这位或许是继斯蒂芬·霍金（Stephen Hawking）之后最知名的物理学家一边这样说一边把我们请进他位于悉尼的办公室，他目前在澳洲工作和生活。为了与他会面，本刊记者飞到了澳大利亚，因为这位英国科学家已经构想出了世界上第一台时间机器，并在他最新出版的书中描述了制造这台机器的方法。[3]

时间机器当然还没有被制造出来，因为还有一些尚待解决的技术和政治问题。不过这部机器所需的大部分零件已经散布在世界上最先进的研究实验室里了。

······

相关理论源自这样一个观念：像三维空间一样，时间是一个可变的维数，这也是 1905 年爱因斯坦提出的"相对论"的核心思想。在戴维斯看来，正因为这样，我们已经掌握了时间旅行的公式将近一个世纪。

人们如何才能进行时间旅行呢？

"相对论为我们提供了在未来时光中旅行的两种方法。

一个是以高速进行运动，由于这种运动而造成的时间扭曲，狭义相对论对此做出了解释。如果我们有一艘速度达到光速99.99999%的飞船，就可以在 6 个月内进入公元 3000 年。"这种旅行是相对论的结果。

　　……

　　按照这些理论，人们能够以非常接近光速的速度旅行，但实际上可以达到这么高的速度吗？

　　在这方面没有任何禁区，只是一个成本问题。为了把一个 10 吨重的负载加速到光速的 99.9%，需要使用 100 亿亿焦耳，这相当于全人类几个月的能源生产总量。

　　进一步接近每秒 30 万千米速度的成本当然会更高。

　　因此，只要我们拥有必要的资本就可以向未来出发。

　　"我不排除我们能做到这一点，在太空中有取之不尽用之不竭的能源，只要我们去开发它们。这实际上成了一个政治问题：做出对太空进行必要的技术研究和开发的决定，以便使人类能够利用宇宙中大量的能源。但是还有另外一个问题：以高速系统进行的时间旅行或许只能进入未来却没有办法回来。事实上，假如我们的超级宇宙飞船到达了公元 3000 年后再返航，有可能只会在地球的未来时光中又跨出了一大步。"

　　这是因为时间旅行并不取决于运动的方向，而只取决于它的速度。

　　相对论提供的另一个时间旅行的方法是什么？

　　"这个方法是爱因斯坦 1908 年以广义相对论提出来的，这个理论将狭义相对论进行扩展，其中包含了重力对时光产生的多种效应。新理论令人惊讶的结论在于重力会使时间放慢，而我们也可以验证这一点，比如地球的重力每 300 年可以让钟表慢 1 微秒。

1976 年，物理学家罗伯特·维索特（Robert Vissot）和马丁·列文（Martin Levine）向太空中发射了一枚载有时钟的火箭，他们观察到这个时钟与放置在地球上同样的时钟相比，多获得了 1/10 微秒。

理论分析：多获得了 1/10 微秒与时间无关，是速度与运动的关系，这里只是借用了计时的钟的运动，多获得了 1/10 微秒，只是说明火箭的运动速度会影响里面放置的钟的运动速度，结果与时间无关。

在未来的时光中旅行，可以利用那些强度远高于地球重力的引力场，比如中子星的引力场。中子星是那些在耗尽自身的燃料之后，由于受自身质量的影响而收缩到只相当于原来体积很小一部分的天体，但它们的总体质量仍维持在一个很高的水平，其中一些中子星仅比地球上的一座城市大一点儿，但其质量却超过了太阳。它们自身强大的重力使其原子变成了一堆中子，在这种重力作用下会产生比地球重力影响要明显得多的时间扭曲：中子星上的 7 年相当于地球上的 10 年。因此，只要让我们的飞船到达这样一颗中子星上（比如位于巨蟹星云中的那一颗），就会在未来的时光中迈出一大步。但问题是我们如何能造出一艘能抵抗中子星附近极其恶劣条件的飞船。在这种情况下，我们同样也无法从未来时光中返航。"

假如我们想进入过去的时光中呢？

理论分析：前面分析了这种说法没有意义也不成立，无法回到过去的时光。

"相对论也允许在过去的时光中旅行。对于广义相对论来说，时空可以被弯曲到与其自身连接的地步，因此可以在时间和空间中创造'封闭曲线'。第一个勾画出封闭时间曲线的人是爱因斯坦的朋友、奥地利数学家库尔特·戈德尔（Kurt Goedel）。他在计算相对论中关于引力场的方程式时，发现在空间中可以找到一条通向旋转着的宇宙螺旋体轨道。不过他解出的方程式答案需要假定宇宙处于旋转状态，而今天人们却认为宇宙并不旋转。他的功劳在于证明了相对论并不排除物质的一个粒子，从理论上也包括人类，可以到达过去的时光以及从将来的时光中返回。"

理论分析：对于广义相对论的几点思考：（1）光在经过超大质量天体时会弯曲，那么弯曲前进（相对于"直线"前进）的光速仍然是光速么？因为光线的本质是直线运动。（2）什么叫"直线"？是"两点之间最短距离"，还是"只受一个力作用后的运动路径"？（3）光受力弯折180度能否返回？

事实上，戈德尔写道："乘坐一艘飞船沿着一条足够宽广的航线往返旅行，我们可以到达过去、现在以及未来时光中的任一个地区并返回。"在看完朋友解方程式的结果后，爱因斯坦也承认，在构思广义相对论的过程中，这种时空中存在可让人回到过去的封闭曲线的可能性曾折磨了他很久。

理论分析：前面分析了过去、现在以及未来表示的时间意义，这种时间旅行没有意义，根本不可能。

戈德尔的想法建立在一个错误的前提上，即宇宙是旋转的。这样的话，我们又该如何进入到过去的时光中呢？

"戈德尔提出的旋转说法并不是我们拜访祖先的唯一手段。最新的理论当中就有'虫洞'说（wormhole），这是给黑洞命名的美国天文物理学家约翰·维勒（John Wheeler）提出来的。虫洞是空间结构中的一条捷径，它可以在光到达之前将两个非常遥远的点连接起来，因此这也是通过一条捷径进入过去时光的一个方法。"

理论分析： 即使存在"虫洞"，也与时间无关，是宇宙存在的一种形式。

光速实际上是一个无法逾越的极限，任何物体，甚至包括信息也无法以更快的速度运动。所以，如果我们能够抢先在出发地的信息到来之前到达某个地方，那我们就可以说完成了一次进入过去时光的旅行，这是因为我们刚到目的地不久，我们的过去就会追上我们，或者更精确地说，是我们出发时那个时刻的信息追上了我们。可是如果信息是以光速旅行，我们又如何能在它之前到达某个地点呢？我们走一条光不认识的捷径，走更短的路。这就是虫洞的含义所在：它是联结宇宙中两点的、光无法通行的捷径。但是人们能随心所欲地制造虫洞吗？

从科学幻想到科学

在由美国天文物理学家卡尔·萨根（Carl Sagan）于20世纪80年代创作的小说《接触未来》（Contact）中，一组科学家收到了一个来自外星的更先进文明的无线电信息，这个信息包含的内容指导人类制造一台机器，它可在地球与相距26光年的天琴座α星之间建立一个虫洞。

……

在小说中，萨根并没有进一步描述制造那样一条时光隧道的细节，为此他请教自己的朋友，加州理工学院的理论物理学家基普·索恩（Kip Thorne），自己在小说中关于利用虫洞作为穿越时空捷径的幻想是否有理论依据。在萨根科学幻想的激励之下，索恩及其合作者们开始研究这种可连接两个遥远时空区域的虫洞的功能细节。最后他们成功地创建了虫洞的理论模型，这些虫洞保持开放的时间，足以让"时光飞船"穿越它们而又不会让其内部巨大的重力将飞船摧毁。

需要某种能够抵抗重力、保持虫洞畅通的东西，索恩的解决办法就是反重力，反重力物质（广义相对论实际上对此也有过论述）可以让虫洞保持畅通。索恩及其同事们创建的模型与众所周知的物理学理论没有任何对立之处，这项探索还引发了大量延续至今的研究。

在这些研究中就包括保罗·戴维斯的构思，他想制造一台能在实验室里创建虫洞的机器，它们是进行时间旅行所必需的通道。

时间旅行的悖论

……

斯蒂芬·霍金以他的"时序保护臆测"给这个问题画上了一个句号：自然界总会找到一个阻止人们到过去的时光中去旅行的办法。

保罗·戴维斯则相信随后的事件可以影响先前的事件，但前提是只有那些没有因果关系的事件之间才能形成一些闭合的时间线。比如，一位富豪的财富来自于1个世纪前帮助过他曾祖母的施恩者，他乘时光飞船到过去的时光中去寻找这位好心人，在见到曾祖母之后他向对方说明自己是个时间旅行者，为使对方相信，他给曾祖母看了一张他从未来时光带来的报纸，曾祖母看到了报纸上面的股票价格后开始投资股市并因此给后代带来了巨大财富，富商终于明白自己就是那位施恩者。这个例子对于戴维斯来说并不是一个问题，但弑母的那位时间旅行者带来的难题就无法解决了，任何人都不可能杀死自己的先辈。

时间旅行问题专家大卫·多伊奇（David Deutsch）则用量子物理学的一些定律来解答这些矛盾。在亚原子世界里，量子的不确定性占主导地位：一个电子撞击一个质子既可能转向左边也可能转向右边，其间并无规律可循。在一些物理学家看来，这种不确定性造成了宇宙的多重性，每次一个电子转向右边的时候就和一个转向左边的电子形成一个新的宇宙。在多伊奇看来，前述的矛盾可以同样的方式来解决：如果时间旅行者干预了历史，宇宙就会分成两个或更多的分支，那个被杀死的母亲就会到另一个平行的宇宙里，而不会进入到弑母者归属的那个宇宙中。[4]

理论分析： 总结上述，前面分析过宇宙中假设存在的时间（时光）根本不存在，而作为计时的时间是人类建立的标准，这两种意义的时间都无法旅行和穿越。

美国科学家为返回过去拯救父亲欲造时间机器

据英国《每日邮报》（*The Daily Mail*）2007 年 7 月 28 日报道，美国黑人科学家罗纳德·马莱特（Ronald Mallett）日前宣布，他只需获得 25 万美元的研究资金，就可以造出一台弯曲时空的"时间机器"。[5]

梦想救父亲

现年 62 岁的罗纳德·马莱特是美国康涅狄格大学卓越的黑人物理学教授，他也是一名著名的"时间机器"研究者。马莱特从 50 年前就着迷于"时间机器"的研究，因为他渴望返回过去，拯救因抽烟酗酒而犯心脏病去世的父亲。为了破解"时间机器"的奥秘，身为黑人的马莱特克服贫穷和偏见等重重障碍，不仅获得了物理学博士学位，并且还成为了一名物理学教授。

宣称破解奥秘

7 年前，马莱特在一篇论文中宣称自己破解了"时间机器"的奥秘。

2001 年，英国《新科学家》（*New Scientist*）杂志刊登文章披露了马莱特的"时间机器"理论，多家电视台随后对马莱特进行了采访。

马莱特提出的"时间机器"理论很简单，马莱特称，他可以通过一些循环的激光束来造出时空漩涡，从而可以倒转时间，进行时间旅行。

理论分析：倒转时间的具体情况是什么？宇宙中不存在时间（时光），这种时间（时光）就不讨论了。计时的时间不可能倒转，因为是一个标准，要倒流就要修改计时的标准。计时系统的时间不可能倒流，所以无法进行时间旅行。假设宇宙中存在一种时间，时间倒转是指局部倒转或引起宇宙中所有的这种存在全部倒转？倒转的前提是这种存在的时间有方向，在茫茫宇宙中，这种存在的时间方向是怎样的？显然，如果深究这些问题，即使宇宙中存在一种时间，让时间倒转也是不可能的。

马莱特解释称，光是一种能量，而能量可以引起时空弯曲，就像巨大的旋转圆筒一样。

马莱特相信，如果同时采用 4 个循环的强大激光束，那么就可能造出一个时空漩涡，这个"时空隧道"看起来就像是几米外的一个光漩涡，如果你走进去，就可能抵达过去的某个时刻。

观点遭到质疑

然而，仍有许多物理学家对马莱特的"时间机器"理论抱以怀疑，一些物理学家认为，马莱特的"时间机器"所需的激光必须非常强大；还有人引用斯蒂芬·霍金（Stephen Hawking）的"年代保护猜想"理论称，量子理论影响时间机器将成为可能。

时间机器造出理论模型[8]

2007年8月，以色列科学家阿莫斯·奥瑞（Amos Ori）表示，已经成功制造了一个时光机器的理论模型，他相信穿梭时空回到过去在不久的将来会成为现实。

奥瑞介绍，这个时光机器模型是依据爱因斯坦的相对论而建造的。他所提出的新版时空环理论表示，时间和空间区域一样，成数维立体。而区域中有无数个类似"甜甜圈"的时空环。他用普通材质制造出一个像"甜甜圈"形状的时空环，并利用"甜甜圈"附近的巨大质量团，如黑洞或内部重力波干扰，影响其形状在中心位置形成时空弯曲。如果要回到过去，在火箭内的旅行者需要以非常快的速度在"甜甜圈"内拉锯式地飞行，每一次进入过去的时间一点点。

奥瑞的理论表示，时间内部是一个个空的环状物质，填充了一些常规状态的球体。

理论分析：这只是假设存在一种时间（时光），并假设时间（时光）的形态，但前面分析了这种假设的时间（时光）不存在。

奥瑞的理论被刊登在声望颇高的科学杂志《物理评论快报》中 [9]，这个理论依靠的是一个假设条件的数学方程，在方程中，时间被描述成一个环形曲线。他表示，制造时间机器的理论是十分精确和神秘的，在时间机器后，他将制造出一幅时空圆环图。

奥瑞认为回到过去是相对论给出了可行的答案。该理论认为，重力可以使时空弯曲，且会减慢时间。一些科学家们认为，时间和空间一样，可以分为数维立体，因而人类可以利用某些强大的自然或者人工力量弯曲时空区域，人在这样的时空环中就可以做时光旅行了，且可以通过某些确定的环回到过去的时间切点。

时间区域弯曲到一定程度人们就可以创造出一个时间环，类似于地球球体中的纬度，人类就可以顺着环做时空旅行了。在时间和空间的混合中，在奥瑞的方程式中，时间将可以自行弯曲成圈状，所以人类沿着环旅行，在不同的情况下，更换不同速度可以到达各个时间点。

对于奥瑞的这个理论，有些科学家表示了赞同，并给予了鼓励。哥本哈根尼尔斯波尔研究所的诺维科夫（Niels Henrik David Bohr）认为，奥瑞的观点"切合实际，有足够强大的理论支持"，对研究时光机器很有价值。

英国剑桥大学的科学家史蒂芬·霍金对此持反对意见，认为时光机器的制造还缺少条件。他表示，要制造时光机器就必须要使用庞大的奇特物质——负能量，但这种物质只有极少量存在。

1990 年，史蒂芬·霍金提出，自然定律不会允许制造时间机器，这就是著名的时序保护假设。3 年后，奥瑞教授通过理论反驳了霍金的提议，指出制造时间机器的可能性，并提出甚至不需要奇特的条件和材料。[10]

霍金称时光机理论上可行，警告勿回去看历史 [11]

2010 年 5 月，史蒂芬·霍金继日前承认外星人的存在后，又发表一个惊人的论述：他声称带着人类飞入未来的时光机，在理论上是可行的，所需条件包括太空中的虫洞或速度接近光速的宇宙飞船。不过，霍金也警告，不要搭时光机回去看历史，因为"只有疯狂的科学家，才会想要回到过去'颠倒因果'。"

理论分析： 历史是用日历构成，这种时间表示的是地球围绕太阳、月球围绕地球转圈数的累加，所以回去看历史这种说法本身没有意义，而宇宙中假设存在的时间只是一种假设存在。

不少物理学家都支持霍金有关时空穿梭的理论，但同时也承认要想让这个伟大的梦想成真，将面临许多科技挑战。霍金承认自己以前对时空穿梭理论闭口不谈是因为"担心被贴上疯子的标签"，因为以前这个理论曾被当成"科学异教"，直到看过纪录片后才敢大方讨论。

至于时光机的关键点，霍金强调就是所谓的"4 度空间"，科学家将其命名为"虫洞"。霍金强调，"虫洞"就在我们四周，只是小到肉眼很难看见，它们存在于空间与时间的裂缝中。

他指出，宇宙万物非平坦或固体状，贴近观察会发现一切物体均会出现小孔或皱纹，这就是基本的物理法则，而且适用于时间。时间也有细微的裂缝、皱纹及空隙，比分子、原子还细小的空间则被命名为"量子泡沫"，"虫洞"就存在于其中。

　　而科学家们企图穿越空间与时间的极细隧道或快捷方式，则不断地在量子天地中形成、消失或改造，它们连接两个不同的空间及时间。部分科学家认为，有朝一日也许能够抓住"虫洞"，将它无限放大，使人类甚至宇宙飞船可以穿越；另外若动力充足加上完备科技，科学家或许也可以建造一个巨大的"虫洞"。

　　霍金指出，理论上时光隧道或"虫洞"不只能带着人类前往其他行星，如果虫洞两端位于同一位置，且以时间而非距离间隔，那么宇宙飞船即可飞入，飞出后仍然接近地球，只是进入所谓"遥远的过去"。不过霍金警告，不要搭时光机回去看历史。

　　霍金表示，如果科学家能够建造速度接近光速的宇宙飞船，那么宇宙飞船必然会因为不能违反光速是最大速限的法则而导致舱内的时间变慢，那么飞行一个星期就等于是地面上的 100 年，也就相当于飞进未来。

　　理论分析："导致舱内的时间变慢"，应该说是"导致舱内的物质运动变慢"，而与时间无关。"飞行一个星期就等于是地面上的 100 年，也就相当于飞进未来"，原意是舱内时间变慢，时间流动比舱外及地球上慢，舱内时间没到达，舱外时间先到达了，舱外时间先到达未来。这种说法有很多逻辑混淆：第一，宇宙中不存在时间，所以不存在流动的时间；第二，即使有舱内的时间变慢，也是指舱内的物质运动变慢而与时间无关；第三，舱内的物质运动比地球上或舱外变慢，并不意味在时间上有先后顺序。用两个假设作前提：假设事物的生长、衰老与运动速度有关；假设运动速度越快，事物的生长、衰老越快。可能出现这样的结果：地球上和舱外的事物比舱内的事物的生长、衰老过程、速度就要快。但前面二个假设必须成立，任何一个假设不成立，后面的结论都不能成立，而目前还没有理论印证前面假设是成立的。

霍金以人造卫星为例，指卫星在轨道运行时，由于受地球重力影响较小，卫星上的时间比地球上的时间稍快。由此，霍金就设想出一艘大型极速宇宙飞船，可在 1 秒内加速至时速 9.7 万千米，6 年内加速至光速的 99.99%，比史上最快的宇宙飞船阿波罗 10 号快 2000 倍。船上的乘客变相地飞向了未来，实现了名副其实的时间旅行。

霍金的此番言论已被拍成名为《史蒂芬·霍金的宇宙》的纪录片，在美国探索频道节目中播出。

穿越时空，可能么？[12]

"穿越"是个什么概念？

诸如"不就是误入时空隧道回到古代么？""不就是乘坐了科学家发明的时空机器自由来去未来、过去么？"等等。

这就出现了一个问题——"穿越到过去或者未来，从科学角度来分析，是否具有可行性呢？"

这个问题勾起了不少人的好奇心。

"穿"未来易，"穿"过去难

对于网上讨论日益白热化的"穿越"话题，中国科学院理论物理研究所研究员李淼给出了 100 个字的简洁答案，称在理论上穿越到未来可能，回到过去不可能。随后，华西都市报记者专门给李森博士发去电邮，希望就"'穿越'在理论上有无可行性"这一话题进行进一步讨论，李森博士引用他近年来撰写的数篇有关"穿越"文章进行回应。

"穿越"即时光旅行

李森博士表示，穿越未来可能，这是简单的狭义相对论效应，如一个人坐宇宙飞船，以近光速外出一趟再回来，他会发现我们比他更老，这就是到了未来。速度越快，时间越长，越容易到达久远的未来。（未来的时间在哪里？前面讨论了未来的含义）

回到过去不可能，需所谓"虫洞"制成的时间闭合线。

时间旅行到底是个什么概念呢？在探索发现频道制作的《和霍金一起了解宇宙》中，霍金提到时空旅行的实质是穿越四维空间。他说，要验证穿梭时空的想法能否实现，就需要用四维的角度看时间。

时光旅行即穿越四维空间

霍金解释，所有的物体都是三维的，即宽度、高度和长度；但是还存在另一种维度，即时间维度。所有事物在时间上都有长度，在空间内同样如此。

理论分析：时间维度即假设宇宙中存在时间（时光）。前面分析了，根本不存在时间（时光）。

他举例说，与人类的 80 余年寿命相比，英国古巨石阵延续了长达数千年，而太阳系则能达到数十亿年，这是三者在第四维上的比较。而时间旅行意味着穿越第四维时空。霍金以日常旅行为例，比如一辆高速行驶的车在一条直线上行驶，是在一维空间内；左转或右转，就增加了第二维空间；

在蜿蜒的山路上下颠簸，就增加了高度的维度，这样就算是在三维空间内行驶了。

理论分析：前面说的是计时时间，后面说的是存在的时间（时光），而它们的本质完全不同。

进四维空间需要"虫洞"

在描述时间旅行的电影里，通常会出现一个巨型高耗能机器，这个大机器开辟了一条通往四维空间的道路——一条时光隧道。物理学家也一直在思考"时光隧道"是否存在于自然规律中。霍金指出，要进入未来可以通过"虫洞"通道。"虫洞"是根据爱因斯坦相对论预测的连接时空中两个不同地点的假想"隧道"或捷径，负能量将时间和空间拖入一条隧道入口，并在另一个宇宙出现。虫洞无处不在，只是因为太小，肉眼看不到罢了。霍金认为，如果捕捉到一个虫洞，将它无限放大，能让人甚至飞船进入。

理论分析："虫洞"即使存在，与时间无关，是宇宙存在的一种形式。

现实"穿越"还很困难

李淼博士说，制造这么一台时光机我们需要负能量，迄今为止我们还没有发现负能量。

李淼博士说："到目前为止，还没有人能够令人信服地构造出一个时空，其中存在时间闭合路径。主要困难不在于构造出这么一个时空，而是这个时空需要满足爱因斯坦广义相对论方程，同时物质要满足我们认为必须满足的一些条件。"

支持派：有可能到达未来

对于时光穿越这个话题，中科院紫金山天文台研究员王思潮表示："霍金的猜想具备一定科学依据。"在实验室中，相对论得到一定程度的验证。因此，假设未来能造一艘速度为光速的飞船飞往其他星球，10年后再回到地球，地球上的时间可能已过去100年，而由于飞船速度非常快，它所在的时间变慢，飞船驾驶者回到地球后其子孙都已去世，但他自己还非常年轻，"也就是说，这也许是另一种到达未来的方式。"

质疑派：假设前提不存在

然而，另一些学者则对穿越的可能性持怀疑态度。南京理工大学理学院物理系教授卞保民指出，目前学术界对时空关系尚无严格定论，一个理论提出后需要工程实现、科学论证，而人类与该假想工程的实现、科学论证的距离太过遥远。无论是穿越时空，还是制造"时光机器"都是完全不可能的，因为霍金假设的前提根本就不存在。现实中的时间、空间并不是数学形式，而是建立在人能够感受"信号"的基础上，"信号"是可感观、可计量的，而猜想没有把"信号"作为基本出发点。

理论分析：笔者对时间旅行、时空穿越主流理论本身就持怀疑，"因为霍金假设的前提根本就不存在"，这种说法非常正确。

"超光速"粒子PK相对论

2011年9月23日，欧洲粒子物理实验室的科学家在日内瓦说，他们测量到了运动速度超过光速的亚原子粒子，这似乎违反了物理学定律。这是通过从日内瓦实验室向700千米以外的另一个实验室发射中微子中测到的。他们对这个结果迷惑不解，并请求其他独立方面的科学人士来证实这一测量结果。如果他们的发现得到证实，将推翻爱因斯坦的相对论中关于"光速超过任何物质运动的速度"这一基本物理定律。或许，整个物理学体系都将发生改变，甚至影响到人们关于"时光旅行"的科学探索。

理论分析：如果实验成立，将证明速度与时间无关。

千年木乃伊疑穿"阿迪"运动鞋，难道是时间旅行者？

2016 年 4 月，考古学家在蒙古阿尔泰山脉发现的一具古代木乃伊引起了轰动，这是一个重大的考古发现。但更重要的是，该木乃伊所穿的鞋像极了阿迪达斯鞋，这导致异想天开的网民推测我们终于获得了时间旅行的实证。

这具据信为女性的木乃伊在被发现时穿着带有 3 道条纹的鞋，而 3 道条纹一直是阿迪达斯鞋的标志。当然，阿迪达斯只是 1949 年前后创建的品牌，而科学家给这具新发现的木乃伊鉴定的年代为公元 6 世纪左右。这导致许多人想知道该木乃伊是否是时间旅行者。

这并不是潜在的时间旅行者首次曝光。2010 年，加拿大一张 20 世纪 40 年代的照片捕捉到人群中的一名男子似乎是 21 世纪前 10 年的某个时刻生活在布鲁克林的人。不过，还没有发现更多时间旅行的确凿证据。

这具木乃伊实际上是非常有价值的考古发现，它是迄今发现的首个中世纪土耳其人的完整墓地。除这具木乃伊外，被挖开的坟墓里还有许多其他物品，包括衣服、枕头、一幅马鞍、一个马笼头、一个黏土花瓶、一个木碗、一个饲料槽、一个铁壶、一只羊头以及一整匹马的遗骸。不过，令人沮丧是，这些物品都不能提供进一步证据证明其主人是一位时间旅行者。

　　理论分析： 不可能有时间旅行、穿越时空，只是因为一些物品的相似，加之过去人们对时间本质不了解，以及对计时时间和假设存在时间（时光）的混淆，所以把千年木乃伊看成了时间旅行者。

中美科学家用量子理论尝试传送活体微生物与时空穿越无关 [13]

　　2016 年 1 月，一支由美国珀杜大学和中国清华大学的研究人员共同组成的科研团队，设计出了迄今为止首个传送活体微生物内部量子态的计划。在寻找传送活人的方法的过程中，这项研究是一个重要的进展。

　　研究员李统藏（音）和尹璋琦（音）提出的方法是使用机电振荡器和超导电路来实现这个宏伟的目标。研究人员还表示，他们计划创造一个"薛定谔的猫"理论所阐释的状态，在这种状态下，一个微生物可以在同一时间身处两地。

　　1935 年，奥地利物理学家埃尔温·薛定谔（Erwin Schrdinger）提出了一个假想实验，其内容是：把一只猫关在一个盒子里，盒子里还有装着毒气的容器和包含一颗放射性粒子的实验装置，这颗粒子在一定的时间内有 50% 的可能会衰变。粒子衰变后，毒气就会被释放出来，而那只猫就一定会死。在指定的时间过去后，有 50% 的可能会发现粒子已衰变、猫已死亡，还有 50% 的可能会发现粒子未衰变、猫还活着。用量子物理学的语言说，猫处于生或死这两种可能状态的叠加态，只有在打开盒子的那一瞬间，才能确切地知道猫是死是活。在打开盒子之前，我们可以说猫同时处于生与死的两种状态，只有通过打开盒子，我们才能改变这种叠加态，并确认两种可能性中的一种。

报道称，薛定谔的理论第一次向公众揭示了量子力学的深奥矛盾。在量子力学的王国里，各种粒子经常处于叠加态，这对研究人员来说也是家常便饭，他们必须习惯于种种"不可能的"现实，比如有的电子可以同时存在于多个地点，有的粒子相互之间无论距离多远都可以立即连通在一起。从薛定谔的假想实验出发，物理学家们已经努力进行了数十年的研究，试图了解这些量子王国中的奇特定律是否也可以转移到宏观世界中来。毕竟，我们自己和周围的一切都是由粒子构成的。

当然，科学家目前已经取得了许多重要进展。在过去20年中，多支科研团队在传送量子态方面取得了越来越多的结果。

但是，还没有人成功传送过活体生物，所有已完成的实验距离成功传送生物或生物的量子态依然十分遥远。

在此次研究中，李统藏和尹璋琦提出，把一个细菌放到一个连接在超导电路里的机电振荡器上，以获得该生物内部的超导量子态，并在随后传送该量子态。首先，实验选择的细菌比振荡器的薄膜小得多，因此不会影响到振荡器的运行。在细菌和薄膜都呈现出量子态后，该量子态可以通过微波超导电路传输到远处的另一个生物身上。

李统藏说："我们提出了一个简单的方法，能够让一个微生物同时出现在两个地方。同时，我们还提供了一个传送完整生物体量子态的方式。我希望我们的研究能够启发其他研究者，使他们认真思考微生物量子传送的可能性，以及该问题未来的种种可能。"

理论分析：验证的量子理论与时间穿越无关。

注释：

1．唐云江．成为科学的时间旅行[J]．科学世界，2003（9）．

2．曹金刚．英国一科学家正在设计一台能穿越时空的机器[J]．科学世界，2003（9）：23-28．

3．Paola Catapano.Viaggiare Nel Tempoe' Possibile!, Newton, 2003, 7.

4．吴新忠．时间机器：幻想还是礼物？[J]．自然，2005（3）：178-181．

5．R. L. Mallett.Weak Gravitational Field of the Electromagnetic Radiation in a Ring Laser, Phys. Lett. A 269, 214（2000）．

6．R. L. Mallett.The Gravitational Field of a Circulating Light Beam, Foundations of Physics 33, 1307（2003）．

7．Time Twister,New Scientist 15-May-2001.

8．史少晨．时间机器造出理论模型[N]．钱江晚报，2007-8-13．

9．Amos Ori.A Class of Time-Machine Solutions with a Compact Vacuum Core,Physical Review Letters,8 July 2005 2005 Jul 8；95（2）：021101. Epub 2005 Jul 7.

10．MICHAEL HANLON.The Real Life Doctor Who Believes He Can Build a Time Machine, The Daily Mail, July 28, 2007.

11．霍金称时光机理论上可行，警告勿回去看历史[N]．扬子晚报，2010-5-5．

12．罗琴，高书文．穿越时空，可能吗？[N]．华西都市报，2011-9-25．

13．苏佳维．中美科学家研究时空穿越，尝试传送活体微生物[N]．光明日报，2016-1-30．

第十四章　时间的变缓、变长是怎么回事

对于假设宇宙中存在一种时间（时光）变缓、变长，本书不讨论，因为宇宙中根本不存在这种时间。

时间的变缓、变长是指计时系统的时间变慢或变快。

计时系统的时间变缓、变长（慢或快）可能有以下两种情况。

◎ **以天文时为标准得到的时间变缓、变长（慢或快）**

它是指地球围绕太阳公转与自转的轨道发生变化，导致这种标准时的变缓、变长（慢或快），那么人类就要修改标准钟，并对以此标准制造出来的计时器进行修改，使它们的运动与之吻合。

以原子辐射运动为标准得到的时间变缓、变长（慢或快）是指原子辐射运动的周期变慢或快，那么人类就要修改标准钟，并对以此标准制造出来的计时器进行修改，使它们的运动与之吻合。

计时与存在的时间，是相对标准，发生改变也可以修改。而且这种变缓、变长，只能用另外的方法测量，不能用作标准本身的计时器测量得出结论。

◎闰秒、闰年导致时间变缓、变长（慢或快）

人为地把时间增加或减少，前面对此已有探讨。

◎误解时间的变缓、变长（慢或快）

存在误解，把重力对速度的影响看成是时间变缓、变长（慢或快），把高度与运动速度的影响看成是时间变缓、变长（慢或快）。

有人根据爱因斯坦相对论描述重力对时间流逝的影响，推断：时钟距离重力源越远，运转越快，时间变长；反之，越靠近重力源，运转越慢，时间变缓。其实这是重力对运动速度的影响，并不是重力对时间的影响。

有人根据爱因斯坦的相对论，借助超级精准时钟验证处于不同高度的时钟速度变化，结果发现所处位置越高，时间过得越快。其实，这是高度对运动速度的影响，并不是高度使时间变长。

第十五章　相对论中的双生子佯谬及时间悖论分析

一、很多人混淆了相对论中计时的时间与存在的时间

　　1905 年 10 月，德国《物理年鉴》杂志刊登了爱因斯坦的一篇论文《论运动物体的电动力学》[1]，它宣告了狭义相对论假说的问世。正是这篇看似很普通的论文，建立了全新的时空观念，并向明显简单的一些时间观念提出了挑战。

　　论文中得到一个结论："如果在 A 点的两个同步时钟之一以恒定速度沿一条封闭曲线运动直到它返回 A，旅程持续 t 秒，那么以保持静止的那个时钟为准，到达 A 的运动时钟将会慢 $\frac{1}{2}tv^2/c^2$ 秒。由此，我们肯定在其他条件不变的情况下，<u>一个在赤道上的平衡式时钟较之于位于两极上的同样精度的时钟走时必然要慢一个非常小的量</u>。"[1]

理论分析：

　　（1）相对论中用钟来作为描述和实验测量的对象，是借用钟的规律运动，而与计时的时间和存在的时间（时光）

都没有关系，得出的结果反映的是运动和速度的关系。

（2）爱因斯坦假设宇宙中存在一种时间（时光），所以相对论称为时空理论。

（3）很多人混淆了相对论中计时的时间与存在的时间这两种不同的时间概念，并由此混淆了一些时间（存在的时间）的关系，如时间和速度（应是运动和速度）、时间和重力（应是速度和重力）、时间和引力（应是速度和引力）；时间（存在的时间）对物质存在与状态的影响应是运动速度对物质存在与状态的影响；时间（存在的时间）与参照系的关系应是运动速度与参照系的关系等，而把以上这些关系误解成与时间（存在的时间）的关系，因此产生了双生子佯谬及其他一些时间悖论。而黑洞、引力波的发现根据的是计时的时间。

此结论可以表达为：相比较那些静止的物体而言，运动物体的时间流逝会更慢一些。

理论分析："相比较那些静止的物体而言，运动物体的时间流逝会更慢一些"，这个结论是借用计时器的钟的运动测量所得。前面探讨了钟是作为计时器械，这里只是借用钟的规律运动，与计时系统的时间无关，表明的是运动和速度的关系。"一个在赤道上的平衡式时钟较之于位于两极上的同样精度的时钟走时必然要慢一个非常小的量"，是说两极的转速比赤道快，从而影响了放置于各处的钟的运动。至于爱因斯坦得的结论是否正确，不是本书所研究的范围，本书只是讨论与时间有关的提法。

二、双生子佯谬的时间分析

1911 年 4 月，在科隆（Cologne）哲学大会上，法国物理学家 P. 朗之万（Paul Langevin）用双生子佯谬（Twin paradox）来质疑相对论的时间效应。

佯谬内容，有双胞胎兄弟 A 与 B，A 一直生活在地球上，B 乘宇宙飞船到外星球去旅行，回来时 B 将比 A 年轻。如果飞船加速到接近光速，然后再返回，B 将比 A 年轻许多。[2]

同类问题有：

根据普林斯顿大学天体物理学家 J.理查德.戈特（J.Richard Gott）所说，迄今旅程最长的时间旅行者是谢尔盖·克里卡列夫（Sergei Krikalev），在职业生涯中，这位俄罗斯宇航员在太空中待了 803 天。

所以，当克里卡列夫在和平号空间站（Mirspace station）里以 27359 千米/小时的速度在轨道上运动时，时间流逝的速率与地球上的并不相同。当克里卡列夫在空间站时，他比那些地球上的人们年轻了 1/48 秒。

理论分析：这个问题包含多层逻辑、多个问题，并把计时时间和假设存在的时间（时光）混到了一起。

● B 比 A 年轻，是从计时系统比较而得或是外貌特征、科学测量（比如测量骨龄）？

●人在飞船内为什么会年轻？

（1）是因为时间变慢？

第一，假设是存在的时间（时光）造成的，因为外部的运动使内部时间（时光）变慢了。这种假设不存立，因为不存在流逝的时间。

第二，飞船内部计时器记录的时间累加得到的数据显示？

如果是此种情况，只能是飞船内部计时器的运动变慢才能得到这种结果，并且是它的擒纵装置运动变慢。

但即使得到这种结果，也不能得出 B 将比 A 年轻，因为飞船内部的钟有两种作用：

A．记录时间，但结果必须与标准时符合，如果不符合就失去了计时功能。因为，要把这个钟作为计时器，结果必须符合标准时。如果所得结果变慢了，那么这个钟记录的时间就不准确，或者在这种环境下不准确就不适于用作计时器了，只能以地球上或另外的钟记录的为准。

B．这个钟不是用来计时的，只是借用这个钟具有的稳定和有规律的运动来测量另外的现象或规律。用这个钟来反映、测量在快速运动中飞船内部的运动速度变化和影响，得到的数据是反映这种本质，结果与时间无关。

（2）什么因素影响了人的衰老？

B 将比 A 年轻，如果不是从计时系统比较而得，只能是从外貌特征、身体机能、功能等得出，也就是决定、影响人衰老的那些因素。

处于运动的物体内部的事物比外部衰老慢，因为人是在飞船舱内。前面分析这种情况有两个假设作前提：假设事物的生长、衰老与运动速度有关；假设运动速度越慢，事物的生长、衰老越慢，才可能出现这样的结果。其中任何一个假设不成立，后面的结论都不能成立，而目前也没有理论印证这两个假设是存立的。

三、另类相对论：站得越高老得越快

美国一位华裔科学家另类验证相对论：站得越高老得越快。[3]

超精度验证相对论，置身越高老得越快

爱因斯坦相对论描述重力对时间流逝的影响，推断时间流逝速度取决于人所处位置：时钟距离重力源越远，运转越快；反之，越靠近重力源，运转越慢。

依照这一理论，美国科学家借助超级精准时钟验证处于不同高度的时钟速度变化，结果发现所处位置越高，时间过得越快，或可理解为，人"老"得越快。

精化原子钟

先前验证相对论的实验需借助火箭或者喷气式飞机，因为只有当速度足够快，距离地球足够远，才能记录到两个不同位置间时间流逝速度的细微差别。

但美国科罗拉多州国家标准与技术研究院物理实验室在桌面上验证相对论，不同高度时间流逝速度的极细微差别由两只超级精准的原子钟记录。

实验由华裔科学家詹姆斯·周钦文（James Chin Wen Chou）引领的团队操作完成。

为完成这项实验，周钦文的团队首先研制出一种超精准原子钟。这种原子钟以单粒铝原子为基准，精准度为运行 37 亿年后误差不超过正负 1 秒。

作为人类现有最精准计时器，它的精准程度超出先前最精准汞原子钟两倍以上。

验证两相对

用铝原子钟验证相对论的实验结果发表在 2010 年 9 月 24 日出版的《科学》杂志上，实验梗概 23 日由杂志网站提前披露。

周钦文的研究团队总共展开两项实验。

第一项实验中，研究团队把摆放整台铝原子钟的桌子用液压千斤顶平稳升高 33 厘米，结果显示：升高后的铝原子钟快于未升高桌面上另一台铝原子钟，两者差异为每 79 年快 900 亿分之 1 秒。

这一结果论证了爱因斯坦有关"距离重力源越远，时钟运转越快"的理论。

第二项实验中，研究团队对铝原子钟内的铝原子施加不断变化的电磁场，使铝原子快速往复运动，结果显示：运动中的铝原子钟所示时间慢于静止铝原子钟。

这一结果论证了爱因斯坦有关"速度越快，时间越慢"的理论。

衰老差异微小

依照实验结果推断，一个人如果住得越高，"老"得越快。

周钦文说，一个生活在美国城市纽约 102 层帝国大厦楼顶上的人比生活在底楼大街上的人每秒衰老速度快 1.04 亿分之一秒。

当然，这种衰老速度差异微乎其微。

这项研究由美国标准技术研究院（NIST）进行，相关论文刊登在的美国《科学》（ABC Science）杂志上。此次研究也是第一次在地面上证实了引力和时间的关系。实验结果完全在科学家们的意料之内，爱因斯坦的理论早已被广泛地认可，但实验最特别的就在于这个原子钟的精确性。

美国国家标准与技术研究院发言人告诉英国《每日电讯报》记者：“差异如此之小，小到人类无法感知，但却可以应用于地球物理学或其他领域。”

《科学》期刊网站说，实验提供不同高度时间差异的具体数据，可用于调整全球定位系统（GPS）卫星所携时钟，使之更加精确。

周钦文说，相对论看似与人类日常生活无关，但影响力无处不在。

“每天，人们都在运动，如爬楼”，周钦文说，“有意思的是，对那些长期飞行的人来说，他们究竟是衰老得更慢还是更快？”

按照速度越快、时间越慢的理论，长期飞行者应当更年轻；而按照高度越高、时间越快的理论，他们又会比地面上的人更快衰老。

爱因斯坦相对论描述重力对时间流逝的影响，推断时间流逝速度取决于人所处位置：时钟距离重力源越远，运转越快；反之，越靠近重力源，运转越慢。

验证处于不同高度的时钟速度变化，结果发现所处位置越高，时间过得越快，或可理解为人“老”得越快。

理论分析： 重力对计时的时间和假设存在的时间（时光）都没有影响，是对用来测量的计时器的运动速度有影响，但这里影响的结果是用来测量的计时器的运动速度，并不能影响整个计时系统。因为，用来测量的计时器并不能作为计时系统的标准钟，这里是用钟来测量高度与运动速度的影响，其实完全可以不把用来测量的钟看作是计时器，只把它看作是某种运动物体。人们之所以误解这种测量结果是时间的改变，是因为这种钟是用来计时的。

验证不同高度的时钟转速的变化得到的结果，其实质反映的是：原子的运动速度与所处高度有影响，只不过这里把原子钟作为了计时器，其实得到的结果完全可以与计时时间无关。如果以此原子钟作为计时系统的标准钟，若因为处于不同高度，时钟的转速发生了变化，整个计时系统才会修改，不然与整个计时系统没有任何关系。即使原子钟发生了变化要修改整个计时系统，但是我们要记住：以原子的运动作为时间的标准也是以太阳光的变化为标准的，有关系式："平太阳时"的秒长＝平均日长/86400＝^{133}Cs"振动"了 9192631770 次。

如果这种运动发生了改变，显然这个关系式中的9192631770也要调整到与平均日长/86400相等。

当然，如果只是以原子辐射运动的次数作为标准，不与平太阳时发生关系，但如果原子的运动发生了改变，则整个计时系统发生改变，相当于修改整个计时标准。

重力对假设存在时间（时光）没有影响，因为这种时间（时光）根本不存在。假设存在的时间（时光）与重力对时间流逝的影响，与时间流逝速度有关，那么正如前面所讨论的，假设存在的时间（时光）是一种什么物质？形态是什么？到目前都没有任何证据证明存在这种时间（时光）。

位置越高老得越快更是错误的说法，是把人的生长、衰老看成是宇宙中存在的时间（时光）的影响，但前面分析了人的生长、衰老是由于自身的性质及其他因素决定，与假设存在的时间（时光）没有关系，因为宇宙中根本就不存在的时间（时光）。

这一结果论证了爱因斯坦有关"距离重力源越远，时钟运转越快"的理论。

理论分析：这里应该是引力和速度的关系，与时间无关。

结果显示运动中的铝原子钟所示时间慢于静止铝原子钟。

理论分析：这里应该是重力和运动周期、速度的关系，与时间无关。

这一结果论证了爱因斯坦有关"速度越快，时间越慢"的理论。

四、时间膨胀的本质

时间膨胀是相对论效应的一个特别引人注目的例证，它是首先在宇宙射线中观测到的。我们注意到，在相对论中，空间和时间的尺度随着观察者速度的改变而改变，例如，假定测量正向着我们运动的一只时钟所表明的时间，就会发现它要比另一只同我们相对静止的正常走时的时钟走得慢些。另一方面，假定我们也以这只运动时钟的速度和它一同运动，它的走时又回到正常。我们不会见到普通时钟以光速向我们飞来，但是放射性衰变就像时钟，这是因为放射性物质包含着一个完全确定的时间标尺，也就是它的半衰期。当我们对向我们飞来的宇宙射线 M 作测量时，发现它的半衰期要比在实验室中测出的 22 微秒长很多。在这个意义上，从观察者的观点来看，M 内部的时钟确实是走得慢些。时间进程拉长了，就是说时间膨胀了。

理论分析： 相对论是假设时间（时光）是宇宙中的存在。时间膨胀的本质是研究运动速度与参照系的关系，并不是反映时间问题，与假设存在的时间（时光）和计时时间都无关系。实验是借用有规律、稳定的运动器械——钟来完成的，但这里已经不是运用钟作为计时器的本质，而只是用它的稳定、有规律的运动来完成的，因为钟是用来计时的器械，而以前对时间的本质没有搞清楚，把计时的时间与假设存在的时间混淆在一起，所以始终认为钟只是记录时间的，把钟看成是测量存在的时间（时光）的工具，反过来，把用钟测量的结果也认为是存在的时间（时光）的反映。本书分析了钟的本质及被借用它的规律运动作标尺或稳定、有规律运动的器械，而这种情况下使用的钟记录的与时间没有关系，反映的结果也不是时间。

五、时间悖论的分析——根本不存在这些悖论

◎祖父、祖母、自己、信息、性别悖论

祖父悖论

A 回到过去，在 A 的父亲出生前杀害了 A 的祖父。既

然 A 的祖父已死，就不会有 A 的父亲；没有 A 的父亲，也不会有 A。既然 A 不存在，就不可能回到过去，杀死 A 的祖父。

祖母悖论

如果一个人真的"返回过去"，并且在其外祖母怀他母亲之前就杀死了自己的外祖母，那么这个跨时间旅行者本人还会不会存在呢？这个问题很明显，如果没有外祖母就没有母亲，如果没有母亲也就没有这个人，如果没有这个人，他怎么"返回过去"并且在外祖母怀他母亲之前就杀死了自己的外祖母？

自己悖论

A 回到过去，尝试避免 B 的车祸，谁知却是 A 的劝告使得 B 执意驾车，继而发生车祸。

此悖论与自我实现预言相似。

信息悖论

你造了一个时间机器，回到过去，把时间机器的建造图纸给了过去的你，过去的你在未来（也就是现在）造了时间机器，回到过去把图纸给了过去的你……既然过去的你的图纸是现在的你给的，时间机器是过去的你在现在造的，那么图纸是怎么来的？

性别悖论

1945 年的一天，克力富兰的孤儿院里出现了一个神秘的女婴，没有人知道她的父母是谁，她孤独地长大，没有任何人与她来往。

直到 1963 年的一天，她莫明其妙地爱上了一个流浪汉，情况才变得好起来。可是好景不长，不幸事件一个接一个地发生。首先，当她发现自己怀上了流浪汉的小孩时，流浪汉却突然失踪了。其次，她在医院生小孩时，医生发现她是双性人，也就是说她同时具有男、女两性的器官。为了挽救她的生命，医院给她做了变性手术，她变成了他。最不幸的是，她刚刚生下的小女孩又被一个神秘的人给绑走了。这一连串的打击使他从此一蹶不振，最后沦落到街头变成了一个无家可归的流浪汉直到……

1978年的一天，他醉醺醺地走进了一个小酒吧，把他一生不幸的遭遇告诉了一个比他年长的酒吧伙计。酒吧伙计很同情他，主动提出帮他找到那个使"他"怀孕而又失踪的流浪汉，唯一的条件是他必须参加他们的"时间旅行特种部队"。

他们一起进了"时间飞车"，飞车回到1963年时，伙计把流浪汉放了出去。流浪汉莫明其妙地爱上了一个孤儿院长大的姑娘，并使她怀了孕。伙计又乘"时间飞车"前行九个多月，到医院抢走了刚刚出生的小女婴，并用"时间飞车"把女婴带回到1945年，悄悄地把她放在克力富兰的一个孤儿院里。然后再把稀里糊涂的流浪汉向前带到了1985年，并且让他加入了他们的"时间旅行特种部队"。

流浪汉有了正式工作以后，生活走上了正轨，并在特种部队里混到了相当不错的地位。有一次，为了完成一个特殊任务，上级派他飞回1970年，化装成酒吧伙计去拉一个流浪汉加入他们的特种部队……

利用时空穿梭，她和她自己生下了她自己。

理论分析： 前面分析了无法穿越、旅行到过去，这些悖论根本就无法成立。

◎ 参照物不同得到的结果悖论

飞船以接近光速飞出地球作星际旅行，50年后飞船返航。以地球人的时间尺度来看，飞船上的时间变慢，宇航员出舱时应该还很年轻，而地球上当年的人现在应该都是老头、老太太了。

但从宇航员的角度看，地球也以接近光速运动，因此当宇航员50年后返回地球时，自己当年的同伴应该还年轻，变老的只有自己一个人。

同一件事(出行与返航)，两种不同的结果，这是为什么？

理论分析： 前面分析了，是什么因素影响了人的衰老。

如果不是从计时系统比较而得，只能是从外貌特征、身体机能、功能等得出，也就是决定、影响人衰老的那些因素。

处于运动的物体内部的事物比外部衰老慢，因为人是在飞船舱内。前面分析这种情况有两个假设作前提：假设事物的生长、衰老与运动速度有关；假设运动速度越慢，事物的生长、衰老越慢，才可能出现这样的结果，任何一个假设不成立，后面的结论都不能成立，而目前也没有理论印证这两个假设是成立的。

故这种悖论也不成立。

注释:

1. EINSTEIN A. On the Electrodynamics of Moving Bodies [J]. Annlen der physik, 1905, 17 (1): 891-921.

2. Judit X Madarasz, Istvan Nemeti, Gergely Szekely.Twin Paradox and the Logical Foundation of Relativity Theory, Foundations of Physics, 2005, 5 (36), 681-714.

3. 凌朔. 美华裔科学家另类验证相对论：站越高老得越快 [EB/OL]. 新华网 (2010-9-25).
http：//news.hsw.cn/system/2010/09/25/05063 8131.shtml.

总　结

一、时间定义

广义时间定义：记录和反映有规律的运动，作为标准，人们主动或被动认可、执行安排个人行动及群体活动。

狭义时间定义：记录和反映地球、月球、太阳互相运转关系，最终反映为在地球上形成有规律的、稳定的光线变化过程及自然现象。

为了与计时的时间区别，假设宇宙中存在的时间（称为时光）只是一种假设，其实并不存在。

二、人类时间的发展历程示意图

日出而作，日落而息

↓

逐步认识了树影、山影、鸡鸣与太阳光线变化有关

↓

记录树影，把树影分成几份

↓

根据树影、鸡鸣来安排个人行动

用圭表来记录太阳光线的变化过程

用日晷来记录太阳光线的变化过程

↓

用水漏、沙漏的运动与太阳光线的变化过程相吻合

随着人类天文理论和技术的发展，知道了这种变化现象及过程是天体运行的结果。反过来，直接测量地球、太阳、月球运转的轨道，能更准确地记录太阳光的变化过程，以及得到这种现象更准确的结果

以格林尼治为子午线，并以时区反映太阳光线在地球各处的移动过程，建立世界统一时间

用年、月、日建立日历系统

↓

制作钟表等计时器，钟表的运动以太阳光线在地球上有规律的变化过程为标准，能够直接测量星球运转轨道的时候，则以运转轨道为标准

钟表等计时器记录的是太阳光线在地球上有规律的变化过程或星球运转轨道

↓

反过来，钟表等计时器反映的是太阳光线在地球上有规律的变化过程或星球运转轨道，这是计时器的本质

↓

时间的本质就成了双向：记录和反映的是太阳光线在地球上有规律的变化过程或星球运转轨道

↓

由于地球运动不稳定、不规则，得到的结果、数据不一，从更准确的角度出发，找到更稳定的运动规律并与天文时能够产生关系，于是用原子辐射运动与之建立关系

↓

随着照明技术的发展，人类对太阳光的依赖减弱，以及时间标准的成熟，世界上成立了很多建立标准的强大机构，能够制定标准并在全世界执行，并得到大家认可。人们完全可以不用太阳光变化过程或地球运转轨迹来建立时间，只是用规律、稳定的运动作标准就可建立起人为时间标准，强制人类执行。但因为这种计时系统与自然现象相分离，没有自然现象作为参照，完全成为抽象的时间，使用非常不方便，所以原子时还是尽量与天文时发生关联，目前采取闰秒相吻合。但因为要闰秒，不符合对时间要求高的计时系统

三、计时器的作用

计时器——→用来记录时间

计时器——→用有规律、稳定的运动来作为运动标尺

用来衡量事物存在的过程、状态
用来比较事物存在的先后顺序
用来衡量事物运动的快慢

计时器——→不作计时器，只是作为一种有规律、稳定运动的器械 ——→测量或反映的结果不是时间，与时间没任何关系

四、时间发展史上紧密相关的一些因素

昼夜变化、树影、鸡鸣、季节变化、圭表、日晷、漏刻、国家强制标准、子午线、时区、格林尼治时间、日历、原子辐射运动、原子时、协调世界时、机械钟表、照明技术、时光（假设宇宙中存在的时间）。

五、多种意义的时间与量子理论时间

 专题研究

一个较为重要的结论：时间问题确实已经解决！
量子理论可能与时间理论有联系

现在来总结一下，之所以几千年来人类被困在时间的迷宫里，主要是表示多种意义的时间缠绕在一起，而没有分清这些不同意义的时间。

有以下几种意义的时间。

1. 计时时间

这是用有规律的运动作为标准，建立的计时系统，人们主动或被动认可、执行安排个人行动及群体活动。

目前我们的手表、钟等计时器记录的都是这种时间，而且我们每天都与这种时间打交道：上班、吃饭、开会、出行等，都是遵照的这种时间。

这是与人类关系最密切也是意义最重要的时间。

2. 假设宇宙中存在一种时间

假设宇宙中有一种时间存在，但又不知道它是什么？有什么特性？是何形态？有人认为，目前的科学水平无法知道它是什么，但随着科学水平的提高，未来可能会知道。

根据本书理论的研究得出：由于过去没有正确认识计时时间的原理和本质，因此对这种假设"存在的时间"形成了含糊的认识，其实宇宙中根本不存在这种假设"存在的时间"，而且未来也不会发现这种"存在的时间"。

原因在于：假设未来能够发现这种存在的时间，我们现在来描绘一下这种时间的特性、性质是什么？给它一个简单的定义，然而都无法给出。

既然特性、性质、定义等什么都无法给出，即使未来发现了宇宙中新的存在的物质，凭什么要命名为"时间"？

就如过去没有探测到引力波，而去年已经探测到，将它命名为"引力波"而不命名为"时间"；以前没有发现暗物质，而目前在探测它的存在，但它被命名为"暗物质"，也不会命名为"时间"。

再有，即使在将来发现了一种新的存在物质，非要命名为"时间"，但这种含义与"计时时间"完全没有任何关系，只是借用了"时间"来表达另外的意思，这是语言的表达问题。就如人取姓名一样，已经有了这个姓名，有人还要取同样的姓名，但这两人是完全不同的两个人。这是语言的一词多义问题。

过去人们为什么要假设存在一种时间，其实是用计时时间的功能在度量宇宙中事物存在的状态或过程，但计时时间本质是人为建立的标准和系统，它不是宇宙中一种存在的物质，而人们又把这两种不同意义的时间的本质混在了一起。

所以无论科学如何发达、技术如何提高，都不能发现一种存在的时间，因为这本身是一种假设存在，混淆了计时时间得出的错误认识。人类用计时时间已经解决了假设存在的时间的功能、作用，所以那种假设就不存在了。

3. 把物质运动的过程作为一种存在的时间（量子理论与时间理论的联系）

前面正文讨论了运动的因素中没有"时间"这个因素，与运动有关的因素是自身的构造、燃料、摩擦力、阻力等因素，就没有"时间"这个因素，如果有，它在里面起什么作用？是动力？推力？阻力？摩擦力？都没有这些作用，但有的人会回答：运动必须要用到时间，没有时间无法运动，这是宇宙的规律决定的。很多人始终绕不出这个逻辑问题，这也是理解本书的最大难点。

首先就假设了宇宙中存在一种时间，那么又问：宇宙中存在的这种时间是什么？

正如前面探讨的一样，不知是什么，有什么性质，是什么形态、形状，总之认为就是宇宙的一种存在。

这又回到一个逻辑缠绕循环问题去了：既然这种存在的时间什么都不是，为什么又要坚持它的存在？

举一个魔鬼逻辑缠绕循环问题：有人生了病，头痛发热。

医生问：你是怎么生病的？

病人答：被魔鬼附身了。

医生：世界上没有魔鬼，你头痛发热是因为感冒。

病人答：感冒就是因为魔鬼附身了。

医生：感冒是因为着凉了。

病人答：着凉是因为魔鬼附身了。

医生：着凉是因为衣服穿少了。

病人答：衣服穿少了就着凉还是因为魔鬼附身了。

医生：衣服穿少了着凉是因为身体抵抗能力变差。

病人答：身体抵抗能力变差是因为魔鬼附身了。

……

医生：魔鬼是什么？

病人答：我不知道，反正它就是存在的魔鬼。

……

显然这是一个逻辑缠绕循环问题，病人在脑中首先就预设了世界上存在魔鬼，所以始终无法走出"不存在魔鬼"这个逻辑问题。

解除这个逻辑缠绕循环问题唯一的办法就是：先忘掉，世界上没有魔鬼。

在认识运动与宇宙中假设存在的时间的关系上，就存在"魔鬼逻辑缠绕循环问题"，必须先不要预设宇宙中存在一种时间。与运动有关的因素是自身的构造、燃料、摩擦力、阻力等因素，就没有"时间"这个因素，然后按照此逻辑这样理解下去。

人们认为"没有时间无法运动"，包含了两种意思：第一，首先假设了宇宙中存在一种时间，无法走出前面提到的逻辑缠绕循环问题；第二，把运动过程作为了存在的时间。

有人会认为这是用语言把"时间"改换了一种说法而已，运动过程就是"时间"。

　　物体在路程移动中，确实需要一个过程：位置的顺次变化,用公式表示为 $S > 0$。但它不是宇宙中存在的"时间"的内涵。如果非要把这个过程命名为"时间"，它表达的语义已经完全不同于存在的时间或计时时间。

　　物质的路程运动需要位置的顺次变化，简称：过程。这是宇宙的本质，也不是一种存在的物质，它与假设存在的时间意义完全不同。所以物质的路程运动必须是 $S > 0$，而不是必须要有一种时间 T 才能完成。

　　因为物质的路程运动必须满足 $S > 0$，即：物质运动要经过位置的顺次变化这一过程，这样就可以用计时时间来衡量，用计时器测量得到一个值（前面谈了这是一个比较值），或者用 $T=S/V$ 计算得到一个时间值，但这个公式表示的物理意义是用计时时间作为标准比较得到的一种结果，并不是运动离不开时间。只是运动的过程可以用计时时间作为标准来衡量，得到的结果是 $T > 0$。

　　特别注意： 物质的路程运动必须满足 $S > 0$，然后用计时标准测量得到 $T > 0$，而不是物质的路程运动必须满足 $T > 0$。$S > 0$ 是宇宙的本质，$T > 0$ 是人为测量的一种结果。即使不用人为的计时标准去测量，物质的路程运动还是能够完成，也就是物质的运动并不需要一种时间因素。但是如果不满足 $S > 0$，这是宇宙的本质，物质运动就无法完成。

　　运动有三种：路程运动（振幅运动是路程运动，它包含了 $S > 0$）、热运动、信息传递。路程运动一般要经过：位置的顺次变化；热运动是热能传递的顺次变化。所以都可以用计时时间比较得到一个值。

　　信息传递，是否需要传递介质以及传递介质是否需要顺次变化，这些问题需要深入研究。

目前，量子理论认为：可以利用量子态纠缠进行传递物质及信息。但根据本书理论的研究认为：利用量子态纠缠进行传递物质和传递信息是两回事。

如果传递的是物质且不经过位置的顺次变化，那么应该是重新复制了该物质。如果要经过位置的顺次变化 $S > 0$，则传递的是原物质。

如果传递的是信息，那是利用了量子纠缠本身的属性。

利用量子纠缠传递信息可以大于光速，与相对论的质量、速度公式 $E=MC^2$ 得出不能超过光速并不矛盾，因为相对论的最大速度包含了质量因素，就是物质运动的位置顺次变化过程 $S > 0$，这一过程包含了物质的质量。而量子信息传递中利用的量子纠缠的特性，信息传递过程中不经过位置的顺次变化，并且不包含物质的质量因素。

简单解释：相距很远的一对双胞胎，其中一个人有头痛感觉，而另外一个在同一时间（指计时时间）也有相同的反应。这种纠缠是信息反应，是量子纠缠的特性，但这种过程中传递的是信息，而非物质，并非双胞胎的位置顺次发生了变化。

物理意义运动传递的分类

物理学运动的传递应该分为：物质传递、能量传递、信息传递。传统物理理论认为这三种传递都包含有运动 $S > 0$。

A　　　　　　　　　　　　　　　　　　　　　　B

上图中，物质传递必须满足物质本身或运载物质的工具

运动 $S>0$，物质从 A 点运动到 B 点，发生了位置的顺次改变。

能量传递、信息传递也必须满足运动 $S>0$。

信息传递是用介质搭载这些信息源，用声波、电磁波、光波发出，进行运动 $S>0$，另一端接收发出的这些信息源。

目前前沿的量子理论运动的传递

目前，前沿的量子理论认为，无论传递物质或信息，从 A 传递至 B，AB 距离 $S>0$，可以利用量子纠缠、不发生位置的顺次变化、不经过运动距离 S 就能做到，即 $S=0$，并且是传递始端到接收终端收到信息 $T=0$。

注意：$T=0$ 的物理意义是用计时标准去测量，传递始端到接收终端收到信息计时器的数据是相同的。不能解释为：宇宙中存在不需要时间的运动。

$V=S/T$，当 $T=0$ 时，根据传统物理理论这个式子没有数学意义。但依据量子理论和本书的时间理论，可以给出物理学的解释。

可以得到两种结论：

第一种，从 A 传递信息到 B，AB 距离 S，$S>0$，在 A、B 两地用计时器进行测量，A 地发出信息时间为上午 9 点，测量得到 B 地接收到的信息时间为上午 9 点。

信息传递时间 $9-9=0$

根据 $V=S/T$ 得到速度 V 为无穷大 ∞，此种情况为量子信息传递的情况。

此公式还可以表示为：

$T=S/\infty=0$

这个公式描述的情况就是量子纠缠的信息传递。

第二种，从 A 传递信息到 B，AB 距离 S，$S>0$，在 A、B 两地用计时器进行测量，A 地发出信息时间为上午 9 点，在 B 地上午 9 点测量没有接收到 A 地发出的信息。

信息传递时间 $9-9=0$

根据 $V=S/T$，其中 $S>0$，$T=0$，

表示没有从 A 地发出信息或在 B 地接收信息失败。

但是必须搞清，两个相距较远的量子 A 与 B，量子纠缠传递的究竟是信息或实物？比如在 A 点有一只猫，如果传递的是实物，而且这只猫不经过从 A 到 B 位置的顺次改变（猫的运动没有经过 $S>0$），那么在 B 点只能是完全再制了一只猫。

如果传递的是这只猫的信息：如这只猫的立体成像图、CT 扫描图，这些是这只猫的信息，如果存在量子纠缠现象，在 A 点把这些信息输入到一个量子上面后，在 B 点另一个量子上面可以在同时（计时时间）得到这些信息，而这些信息传递没有发生从 A 点至 B 点的位置顺次改变（没有经过运动 $S>0$），因为这是量子纠缠的特性。

如果量子传递的是物质而不是信息，是否不经过物质的位置的顺序变化，这还需要量子理论作出回答，但必须要让量子理论分清：量子传递物质和传递信息是绝对不同的问题，传递信息应该是非常容易做到的，因为量子有纠缠的特性，但传递物质能否实现，这的确还需要量子理论作出解释，难度比传递信息当然要大得多。目前很多时候把二者混为一谈。

正好本书的时间理论也涉及了相同的领域。利用本书的理论可以更清楚地解释当前量子理论的难点问题。

量子理论由于与传统理论冲突较大以及与现实经验观察不符，其中可能是受制于时间理论。当难以解释量子理论的一些现象时，目前甚至把它归结于意识或宗教。如果用本书的自然科学方法探讨的时间理论来解释量子理论，就非常容易理解，也不再与传统理论有冲突，让量子理论又回归到了自然科学的方法。

对于量子理论与时间、运动的问题，本书只是抛砖引玉，需要更深入地探讨。

另外，很多时候人们把本来是运动和速度的属性误解为运动过程、假设存在的时间的属性，这样也导致得出一些错误的时间观点。

4. 把时间作为一种维度

这是哲学意义的时间，这种观点认为：宇宙是由时间和空间两种维度构成。

这种哲学观点是在没有弄清计时时时间完全可以清楚地表达宇宙中万事万物存在的过程、状态时产生的认识，而我们用自然科学方法系统建立起计时系统，这种哲学观点已经没有意义。

5. 记住：只要计时系统规则不变，计时时间就不会变

计时系统是以有规律的运动作为标准，人为建立的计时系统，只要规则不变，那么计时时间就不可能变快或变慢，全世界的计时器，只能以标准计时器为依据去核对。

秒、分，小时，日，月，年，都是计时系统的单位，时间记录的数字是从小到大进行累加，所以不可能进行倒流

或穿越。

　　包括爱因斯坦的相对论中的时间理论，只是借用计时器的运动来观测，得到的结果与计时系统都无关，也丝毫不影响计时系统。

6. 有关本书理论的数学分析及数学模型

　　有人非常关心此书研究这样重要的问题是否经过严密的数学分析或计算。

　　本书主要运用自然科学的方法探讨时间，在应该有数学计算或模型的地方，用了严密的数学计算或模型来表达，而绝非只是用纯文字来表达。当然，也绝不为了增加数学公式或模型而滥用。比如，我们只关心的是一片土地的化学成分：酸碱度对农作物的影响，但有人却非要去测量出它的长、宽等数据，然后用一系列的数学公式，运算它的面积、海拔高度、坐标系数等，这就是对数学的滥用了。

　　物理研究有自身特点，每一种数学分析或数学模型必须赋予一种物理意义或给出一种物理学的解释，而非像数学只进行严密的逻辑推论而不考虑它的实际含义。正如前面所列举，当我们只关注一片土地的酸碱度的时候，去进行土地的面积、海拔高度、坐标系数等的计算是没有任何物理意义的。

　　如果只注重形式上的数学计算或模型建立，而不给出物理学的解释，那么数学计算或模型建立根本没有任何物理意义。

后 记

累与疲劳的极限

累与疲劳的极限有两方面的表现：第一指身体；第二，指精神。如果这两者均达到极限的感觉是什么：是累与疲劳的总和！具体地说：感觉四肢无力，周身酸痛，晚上失眠，脑子里全是白天想的内容！一天要睡三次，白天二次，晚上一次！吃五顿饭，只有这样才能补充能量！

如此循环的日子已经 2 个多月了，《时间的终极问题》终于要完稿了。

随着对时间的理解越加清晰，越感觉到撰写此书的意义以及探索科学的责任。

终于可以理解，几千年来那么多哲学、自然科学的巨匠们为什么会被时间困扰：从公元前的亚里士多德（Aristotélēs）、伊壁鸡鲁（Epicurus）、巴门尼德（Parmenides）和赫拉克利特（Heraclitus）到后来的奥古斯丁（Aurelius Augustinus）、康德（Immanuel Kant）、黑格尔（G.W.F.Hegel）、海德格尔（Martin Heidegger），再到现近代的爱因斯坦（Albert Einstein）、戴维斯（Paul Davies）、戈德尔（Kurt Goedel）、维勒（John Wheeler）、卡尔·萨根（Carl Sagan）。

　　不少物理学家都支持爱因斯坦有关时空穿梭的理论，但同时也承认要想让这个伟大的梦想成真，将面临许多科技挑战。当今世界宇宙物理学巨匠斯蒂芬·霍金承认自己以前对时空穿梭理论闭口不谈是"担心被贴上疯子的标签"，因为以前这个理论曾被当成"科学异教"，直到美国的纪录片播出此题材后才敢大方讨论。

　　目前，由于笔者身兼满屋飘香公司的法人，而且公司进入改制发展的关键时期，但仍挤出时间，让心情平静下来写出这样一部著作，主要是想完成几十年的夙愿和思考，不然以后公司进入扩张和高速发展后，怕无精力来完成这样的著书了。

　　特别感谢我的儿子吴蔚云，本书很多重要内容是我和他辩论后理出头绪并最后得出结论，一些国外的参考文献也是他帮助查询的。他从小喜欢看有关探索类的电视节目及书籍，喜欢思考宇宙的问题，我们经常讨论此类问题。他为本书的写作做了大量工作，本来要署名为第二作者，但他觉得目前自己只是一个高中生［成都树德中学（实验外国语校区）高中部］，坚决不同意署名，并坚持自己以后要把这些观点以论文形式发表。

作　者

2017 年 4 月 16 日于成都